SHODENSHA
SHINSHO

世界農業遺産

目される日本の里地里山

和彦

祥伝社新書

はじめに

世界農業遺産（GIAHS）は、FAO（国際連合食糧農業機関）という、れっきとした国連の組織が認定している制度です。ユネスコの世界遺産を知らない人はいないでしょうが、この世界農業遺産の知名度はまだまだです。

ところが、その活動のなかで、日本がたいへん重要な役割を担《にな》っているといったら、多くの方が驚かれるのではないでしょうか。日本は農業大国ではありません。むしろ、大きく衰退した産業のひとつが農業だといっても、いいくらいです。そんな国が、世界的な農業ムーブメントの中心に立ち、国内の五つの地域が認定を受けているのは、いったいどういうわけでしょうか。

日本は、農業大国ではありませんが、農業文化国です。工業先進国でありながら、各地に、「里地《さとち》里山《さとやま》」という伝統的な農業のシステムが多く残されています。それは、誇るべき農文化といってもよいでしょう。いまある日本人の人生観や文化の一部は、このような農業をつうじて、先人たちがつくり出してきたものでもあるのです。農業は、ただ食料を生産するだけの行為ではありません。

ＴＰＰ（環太平洋パートナーシップ協定）やＦＴＡ（自由貿易協定）の議論がにぎやかになり、改めて日本の農業のありようが問われています。いまこそ自分たちの信念にもとづいて、進む道を決める瞬間です。目先の利益は捨てなくてはならないでしょう。

私が、ＦＡＯやユネスコの関係者と話をして、いつも感じていることがあります。それは、彼ら国際社会の立役者たちが、日本の伝統的な農業システムにたいへんな興味を示し、その知恵と工夫の有用性に対して、大きな期待を寄せているということです。

しかし、いまの日本がおかれた現状を知ったうえで、日本を変え、そして世界を変えなくてはならない立場にありながら、当の日本人がこのことに気づいていません。

本書は、これからの農業のあり方について、みなさんといっしょに考えていくために書いたものです。世界農業遺産の理念がひとりでも多くの人たちに伝わり、新たな議論が立ち上がることを心から願っています。

二〇一三年十月

武《たけ》内《うち》和《かず》彦《ひこ》

世界農業遺産――目次

第二章　日本にある世界農業遺産　85

目次

第三章　日本の里地《さとち》里山《さとやま》とSATOYAMA　163

目　次

序章　市民の熱意が、世界農業遺産を決めた！

阿蘇《あそ》山は、巨大なカルデラで知られています。その周辺には、日本最大の草原が広がり、あたかも日本の神話に出てくる高天原《たかまがはら》を髣髴《ほうふつ》とさせる雄大さです。かつての日本には、このような草地《そうち》がいたるところにありました。しかし、いまや草地は、国土の五パーセント以下でしかありません。阿蘇の草原には、名産の「あか牛」が放牧され、のんびりと牧草を食《は》んでいます。

すぐれた観光資源の要素をそなえた「阿蘇」地域ですが、それと同時に、日本に五地域ある「世界農業遺産」のうちのひとつでもあります。しかし、この地の農業の何が「遺産」的なのか、ピンとこないという人も多いことでしょう。本書では、その意味を読者のみなさんといっしょに考えていきたいと思います。

「阿蘇地域が世界農業遺産に認定されることによって、地域の活性化につながるのではないか？」――そう考えて最初に行動を起こしたのは、自治体でも農業団体でもなく、ひとりの市民でした。その人は、宮本健真《みやもとけんしん》さんというイタリア料理のシェフです。彼は、一九歳のときから八年間にわたってイタリアで料理の修業を積み、二〇〇六年に熊本市内にレストランをオープンします。

宮本さんは、食に対する意識のたいへん高い人です。農林水産省が運営する「料理マスターズ」でブロンズ賞を取ったり、熊本日日新聞「熊本グランドデザイン懸賞論文」で優秀賞を取ったりしていました。

彼は、帰国してからの一〇年間、県内の農家と付き合うことで、地域の農業や食文化を見直す必要性を痛感させられたといいます。地元では、すばらしい野菜がたくさん作られているにもかかわらず、近所の八百屋さんでそれが売られていないことに、ショックを受けます。すぐれた生産地のすぐ近くに居住しながら、多くの市民がその恩恵を享受《きょうじゅ》できていないのです。

宮本さんは、熊本の市民が熊本の農業に高い関心を持つ必要があると考えました。市民が視線を向けることで、農家の意識も変わってきます。そんなとき、目にとまったのが、新潟県の「佐渡《さど》」地域と石川県の「能登《のと》」地域が、日本ではじめて世界農業遺産に認定されたというニュースでした。

「これだ」と思った宮本さんは、ここから驚くべき行動力を見せます。日本で世界農業遺産の申請・評価に関わっていた私のもとに直接、「熊本を世界農業遺産にできないか」というメールを送ってこられたのです。私は、個人のありあまる熱意から生まれた率直な行動に、深く心を動かされました。

その後、宮本さんとはたびたび会うことになり、情報を交換する関係になりました。彼と有志は、「食の大地・くまもと世界農業遺産推進研究会」を立ち上げて、勉強会を重ねると、佐渡地域の現地視察も実現します。私は、宮本さんに対し、県全体でとらえるより、阿蘇など、特徴的な地域で考えたほうがよいことを助言しました。

彼らの草の根の活動が、熊本県知事の蒲島郁夫《かばしまいくお》さんに届き、県庁が動きます。その後に阿蘇は、多くの死者を出した豪雨災害に見舞われますが、こうした困難を乗り越え、二〇一二年九月に、知事と阿蘇地域の七市町村の首長からなる推進協議会が設立され、十二月には認定申請へと進んでいったのです。

ところが、事前調査が始まった段階で、思わぬ問題が起こります。阿蘇地域を「FAO」（国連食糧農業機関）の関係者が訪ねると、県の担当者は、「草原の野焼き」を中心にしてプレゼンテーションを行なう予定を告げました。私も評価をする立場のひとりでしたが、このとき、「野焼きなどは世界中どこにでもあり、なぜ阿蘇の野焼きにだけ世界的な意義を求めるのかわからない」「具体的な農業の営《いとな》みはどこで見られるのか」「政策決定者のコミットメント（関与）が伝わらない」などといった、否定的なコメントばかりが返ってきました。直前になって、計画は白紙に戻されました。

世界農業遺産の主体は、あくまでも農業です。伝統的な野焼きの方法が守られているだけでなく、それが、実際の農業にどのような影響を与えているかという視点を欠かすことができません。この地域の独自性のある農業に結びついているという、具体的な実証こそが必要でした。

そこで、草原で肉牛（あか牛）を生産する伝統的な放牧の方法、草原から採取した草を堆肥《たいひ》に用いる野菜づくりなど、そういったものの集まりをひとつの農業システムとして訴えていくことにし、申請書も書きかえられました。

二〇一三年四月には、宮本さんと熊本県の小野《おの》副知事、それに地元農家の大津愛梨《おおつえり》さんの三人が、イタリアの首都ローマにあるＦＡＯ本部まで乗りこみます。阿蘇地域の農業システムがいかに世界的な意義をもつかを訴えました。宮本さんはイタリア語がペラペラです。大津さんは夫の耕太さんと農業をしながら、三人の男の子を育てていますが、慶應義塾大学卒業後、ドイツの大学で修士課程を修了したという才媛《さいえん》で、英語がペラペラでした。この精鋭部隊によるアピールは成功し、現地調査でのパッとしない印象を覆《くつがえ》しました。

二〇一三年五月末、いよいよ勝負のときを迎えます。石川県七尾《ななお》市で開かれた世界農業遺産を認定するFAOの国際会議で、宮本さんと大津さんは、それぞれの立場からの経験に基づいた、たいへん説得力のあるプレゼンテーションを果たします。

それに加えて、蒲島知事のプレゼンテーションも強い印象を残しました。「私は、知事として、阿蘇の一〇〇年後を見すえて、持続的農業、草原の維持・管理、景観と生物多様性の保全、市民の参加という四つの施策を進めていきます」と宣言したのです。

元東京大学大学院法学政治学研究科教授という経歴の持ち主である蒲島さんは、アメリカのハーバード大学大学院において政治経済学の博士号を取得した国際派でもあります。彼は、熊本県立鹿本《かもと》高校を卒業後、いったん地元の農協に就職し、農業研修生として渡米しています。いわば現場を知っている人です。そして、アメリカのネブラスカ大学で畜産を勉強しなおすと、ハーバードに移って政治経済を学び、教授職をへたのち、二〇〇八年に郷里の知事選挙に立候補して当選します。知事になってからは、みずから先頭に立って、阿蘇の草原の再生と利用について、地域振興の戦略も打ち出していました。

蒲島さんは、国際舞台で熊本の農業をプレゼンテーションするのに、まさに打ってつけの人物だったといってよいでしょう。畜産や農業に関する知識をバックボーンにもち、政治経済の視点から、熊本の日本や世界における位置づけを熟知していました。生まれ故郷に対する愛着や誇りも持っています。その言葉から伝わる熱意によって、会場の空気を支配しました。

市民、農家、首長の三者による完全なアピールに、審査委員は「文句なし」の様子でした。審議の結果、ダントツの評価を得て、阿蘇地域は世界農業遺産に認定されます。一時はどうなることかと思われましたが、個人の力を結集して大逆転を起こしたのです。

また、ひとりの市民の決意がきっかけで認定にいたった、ボトムアップ型の取り組みは、世界農業遺産の制度が始まって以来の快挙でした。これが、日本の地方において可能となったことに、同じ日本人として誇らしい気持ちを感じずにはいられません。

宮本さんは、遺産認定後、朝日新聞から取材を受け、つぎのように述べておられます（二〇一三年六月十七日）。

（世界農業遺産の認定は）地域の豊かさや食文化に気づき、足元を見直すきっかけになると思います。もともと先進国の中山間地の農業は衰退していますので、ブランド化などで付加価値を生み出す必要があります。それを都市の住民が応援すれば、地域が盛り上がるでしょう。

それでは、世界農業遺産とはいったい、どういうものなのか、何のために必要なのか、いっしょに考えていくことにしましょう。

第一章　世界農業遺産とは何か

能登の国際会議

世界農業遺産を認定する二〇一三年の「世界農業遺産国際会議」は、五月末に石川県七尾市で開催されました。「FAO」（国連食糧農業機関）が主催するこの国際会議は、FAOの本部のあるローマから始まって、ブエノスアイレス、北京とほぼ二年おきに開かれ、ついに日本にやってきたのでした。

開催地となった「能登」地域は、二〇一一年に前回の北京で開かれた会議において、「佐渡」地域とともに、工業先進国としてはじめて世界農業遺産に認定された、記念すべき土地でもありました。

この会議には、FAOの組織全体のトップである事務局長、ジョゼ・グラジアノ・ダ・シルバ（ブラジル人）、「世界農業遺産基金」代表のパルヴィス・クーハフカン（イラン人）、「世界食料安全保障委員会」ハイレベル専門家パネル運営委員会議長のモンコンブ・スワミナサン（インド人）といった、FAOの中心人物や、世界農業遺産の活動に取り組んでいるリーダーたちが多く出席しました。

こうして参加したリーダーたちの顔ぶれを並べるだけで、FAOという組織が、いかに多様な民族をふくんだものであるかが、わかっていただけると思います。その存在じたい

GIAHSのリーダーたち

右上
パルヴィス・クーハフカン

左上
ジョゼ・グラジアノ・ダ・シルバ

左
モンコンブ・スワミナサン

が、国際社会の多様性の表われといえるでしょう。日本人である私も、国連大学を代表して、パネル・ディスカッションの司会者として参加しました。

能登の国際会議では、「持続可能な世界に向けた世界農業遺産の貢献」をテーマに、記念シンポジウムやパネル・ディスカッション、世界農業遺産の候補地域のプレゼンテーションと認定式などのプログラムが実施されました。

この会議の大きな目的のひとつに、フィリピンの**イフガオの棚田《たなだ》**など、すでに認定を受けている一九地域のリーダーによるプレゼンテーション、つまり現状報告がありました。世界農業遺産というのは、「生きている遺産」ですから、遺産がいまどのように用いられ、また将来にわたってどのように用いていくのかが重要です。

もうひとつの大きな目的は、新しい世界農業遺産の認定をすることです。候補地域がそれぞれプレゼンテーションを行ない、これをFAOの運営委員会と科学委員会が合同で一時間ほど議論し、認定にいたります。

今回は、七つの地域が候補地として名乗りを上げ、先ほどの「阿蘇」地域、大分県の「国東《くにさき》半島・宇佐《うさ》」地域、静岡県の「掛川《かけがわ》」地域といった日本の三地域、中国の二地域、インドの一地域、計六つの地域が新たに認定を受けました。残念ながら、イランの一地域だけが認定を見送られました。

感慨深かったのは、地元石川県知事である谷本正憲《たにもとまさのり》さん、静岡県知事の川勝平太《かわかつへいた》さん、大分県知事の広瀬勝貞《ひろせかつさだ》さん、そして、熊本県知事の蒲島郁夫《かばしまいくお》さんの四知事が、会場に揃《そろ》いぶみしたことでしょう。候補地の知事は、三人とも流暢《りゅうちょう》な英語でプレゼンテーションを果たし、並々ならぬ熱意を伝えました。なかでも気迫あふれるスピーチを行なった川勝さんは、プレゼンテーションの日が、ご自身が立候補を表明していた県知事選挙が公示される前日でしたが、代役を立てずにみずから熱弁をふるわれました。

また、能登の国際会議では、六つのコースに分かれて、能登や佐渡の農林漁業や伝承芸能、豊かな生物多様性などを見て回る「エクスカーション」（視察ツアー）も行なわれました。会議会場と農業の現場とが近接していることもあって、このエクスカーションについても充実したプログラムを組むことができました。

そして最後に、認定された地域の活力維持や相互交流を深めること、今後さらに認定地域を増やしていくことなどを謳《うた》った「能登コミュニケ」が採択されたのです。

能登で開催することの意味

　工業や科学の先進国である日本の農業地域が、世界農業遺産として認定されることの意義は、はかりしれません。そこには、もっとも現代的な社会のなかで伝統的な農法を活《い》かすことの実践があるからです。

　いま日本では、大規模化することで農業を強くしようという議論がなされていますが、どれだけ大規模化すれば、国際的な競争力のある農業になるというのでしょうか。世界各地の大規模な農業の実態を見ていると、日本のような狭い国土で同じことをしても、とても太刀打《たちう》ちできるようになるとは思えないのが、私の率直な印象です。

　TPP（環太平洋パートナーシップ協定）や二国間のFTA（自由貿易協定）のような問題もあります。国家の保護政策や補助金などの制度が、協定に対する違反行為とみなされるおそれもあります。

　かといって、いま日本の「里地里山《さとちさとやま》」で行なわれている小規模農業を、そのまま大規模化するだけでは、かろうじて残されてきた独自性や生物多様性は失われ、地域の伝統的な暮らしにも変化を強いられてしまうでしょう。それが本当に豊かさを求めた結果なのでしょうか。

世界農業遺産が標榜《ひょうぼう》している農業観を、日本がもっと積極的に取り入れたらどうかと考えるのに、時間はかかりませんでした。従来は開発途上国のために用意された世界農業遺産のシステムを、先進国である日本にも導入するというアイデアです。むしろ、その農業観を形に示せるのが、先端的な工業技術やインフラと伝統とが混在する日本という存在なのです。

能登で行なわれた世界農業遺産国際会議

問題は、最初の候補地をどこにするかでした。国内のさまざまな関係者と意見を交換するうち、最終的に能登と佐渡という二つの地域が候補地として名乗りを上げました。これが、ちょうど二〇一〇年のことでした。

いずれもトキ（朱鷺）の住む里山をめざした取り組みをしている地域で、佐渡ではすでにトキの野生化に成功しています。能登がある石川県でも、生物多様性地域戦略をかかげています。その県都、金沢市では、国連大学高等研究所の「いしかわ・かなざわオペレーティング・ユニット」が活動していました。そういう関係から、国連大学が協力して県内の里地里山・里海などを調査してきた経緯がありました。

能登と佐渡を世界農業遺産の候補地として申請するための準備は、国連大学のオペレーティング・ユニットのほかに、農林水産省北陸農政局や地元自治体が中心となって進められてきました。能登と佐渡はたまたま同じ農政局の管内にあったので、調整もスムーズにいき、短期間で効率的に申請書がまとめられました。しかし、すべて英文で相当のボリュームのある申請書類を書き上げるのは容易ではありません。関係者の皆さん全員の世界農業遺産認定に向けた情熱があったからこそ、二〇一〇年末のＦＡＯへの申請締め切りに間に合ったのだと思います。

能登で世界農業遺産国際会議が開催されたのも、このいしかわ・かなざわオペレーティング・ユニットを通じた縁があったからです。知事の谷本さんは、日本で世界農業遺産を広く知らしめていくには、国際会議を誘致するのがいちばんの近道と考えておられ、そのための労を惜しまないと申し出てくださいました。

石川県で国際会議を開くとなると、誰しも頭に浮かぶのは県都の金沢市です。この地方を代表する、政治経済や文化における中心都市です。しかし、金沢市じたいが、農業の現場というわけではありません。

それまでの世界農業遺産国際会議は、その国の主要都市で開催されています。ですから、認定地域との間にはやはり距離感がありました。

もっとインパクトがあって、世界農業遺産の理念を表現できる開催地はないものかと考えました。県知事の谷本さんは、思い切って、能登地域のなかにふくまれている七尾市を開催地に選んだのです。伝統的な農業を実践している、まさにその土地において会議を開くという、前代未聞《ぜんだいみもん》の試みでした。

運よく七尾市には、和倉《わくら》温泉という大きな温泉地があり、参加者の宿泊の問題はクリアされました。加賀屋《かがや》という伝統的な旅館の関連施設、「あえの風」には、国際会議を開催できる十分なスペースもありました。残る問題は、アクセスの便ですが、これも、すぐ近くに「能登空港」があって、東京から一時間で移動できます。

すばらしいことに、能登での国際会議の開催時期は「TICAD V《ティカッド・ファイブ》」の直前だったため、国際会議史上はじめてFAO事務局長の出席が実現しました。TICADというのは「アフリカ開発会議」のことで、TICAD Vはその第五回目です。アフリカ五一カ国の首脳が集結する巨大かつ重要なイベントですが、これが横浜市で開かれることになっていました。

ＦＡＯ事務局長は、ＴＩＣＡＤには必ず出席します。しかし、世界農業遺産国際会議にはいまだ参加したことはありませんでした。そして、多忙な事務局長が、同じ年に二回も日本に来ることはありえません。したがって、彼が世界農業遺産国際会議に出席する可能性があるとすれば、ＴＩＣＡＤの前後に国際会議を開くしか選択肢はないわけです。

こうして、ＴＩＣＡＤ Ｖの開始直前に、世界農業遺産国際会議を開催することを決め、谷本さんがみずからＦＡＯ本部のあるローマまで出向いて、シルバ事務局長と話し合って能登開催を決定したいきさつがあります。

シルバ事務局長は、世界各国を文字どおり飛び回っておられ、能登での国際会議にも、出張先のインドネシアから、ソウル・インチョン空港経由で開催当日の朝、小松《こまつ》空港に着き、会議初日に間に合わせました。また会議終了後は、ただちに能登空港から飛行機で羽田空港に飛び、そのままＴＩＣＡＤ Ｖが開催された横浜に向かわれました。私もまた、同じ飛行機で羽田空港に向かい、翌日からのＴＩＣＡＤ参加に備えたのです。

つまり、今回の国際会議に大きな役目を果たしたのが、能登空港でした。空港があるおかげで、多くの参加者は、東京を立ったその日のうちに現地入りすることができました。来日した関係者たちには、日本を代表する都市景観から、その日のうちに日本の誇る農村景観に移動するという、エキサイティングな経験をしていただきました。

そして、世界農業遺産国際会議が、首都以外で開催されたのも、認定地域で開催されたのも、能登の国際会議がはじめてです。その意義は、きわめて大きかったと思っています。

世界農業遺産の誕生

世界農業遺産の英語での正式名称は、Globally Important Agricultural Heritage Systemsといい、その頭文字をとって「GIAHS」（ジアス）と呼ばれています。GIAHSは、近代工業化が進むなかで、失われつつある伝統的な農法や農業技術をはじめ、生物多様性が守られた土地利用や美しい景観、農業と結びついた文化や芸能などが組み合わさり、ひとつの複合的な農業システムを構成している地域をさします。そうした地域のシステムを一体的に維持し、次世代に継承していくことが、世界農業遺産認定の目的です。

一般的には、システムという言葉が、少しわかりにくいかもしれません。静岡県掛川地域のGIAHSサイト（認定地域）である、**静岡の茶草場《ちゃぐさば》**を例にとって見てみましょう。

この地域の茶畑の周囲には、「茶草場」と呼ばれる草地《そうち》が長年にわたって管理されています。そこからススキなどの草を刈りとって茶畑に敷きこむ「茶草農法」という、伝統的な農法が行なわれています。それによって品質の高いお茶ができ、高い価格で取引されます。なぜ、草を敷くことでお茶の品質が向上するのかは、科学的にはまだ証明されていませんが、生産農家の経験から長年伝えられてきました。

茶草農法によって、お茶の生産をめぐる文化や技術が育《はぐく》まれると同時に、日本で絶滅しつつある草地とその景観が維持され、生物多様性が守られています。こうした地域農業の営《いとな》み全体を農業システムとしてとらえています。

GIAHSは、二〇〇二年に南アフリカのヨハネスブルグで開催された、「持続可能な開発に関する世界首脳会議」（通称「ヨハネスブルグ・サミット」）で、FAOが提唱したものです。これをうけて、二〇〇四年のGIAHS運営委員会において、青田《せいでん》の水田養魚（中国）、イフガオの棚田（フィリピン）、アンデス農業（ペルー）、チロエ農業（チリ）、オアシス農業（アルジェリアとチュニジア）などが、最初のGIAHSパイロット・システムに選定されました。二〇一三年六月現在、世界一一カ国の二五地域で認定されています。

その実務一般は、FAOが担《にな》っています。しかし、実際に運営しているのは、関係国、援助機関、国際機関をはじめ、地域の農家や住民、自治体、農業団体、大学や研究機関、企業などが、国際会議などを契機に構築した、緩《ゆる》やかにつながり合うグローバル・パートナーシップによるものです。いわば、現地の意識に支えられた自主性こそが原動力なのです。

というわけで、FAOの活動のなかでも、GIAHSは、かなり特殊な取り組みとして位置づけられています。なぜなら、そもそもFAOが存在する最大の目的は、世界の人々を食糧不足による飢餓《きが》から救うことだからです。その最大の目的のために、品種改良や耕地の拡大を進めて食料の増産をはかり、人口増加に見合う食料の供給に苦慮してきたという、長い歴史がありました。その象徴的な活動が、「緑の革命」です。

しかし、従来の取り組みについては一定の評価がなされる一方で、地域の暮らしや文化、生物多様性の維持といった価値観と、必ずしも調和的でないという問いも提起されるようになってきました。そうした模索の結果、FAOのもうひとつのアプローチ、「プランB」として生み出されたのが、GIAHSの考え方です。

ユネスコの世界遺産とは何が違うのか

私が一般の方を前に、GIAHS（世界農業遺産）について話をさせていただくとき、いちばん多く受ける質問が、「世界遺産と何が違うのか」というものです。どちらも「遺産」を名乗っていますが、その内容は大きく異なります。

おそらく、この本を手にとられた方には、世界農業遺産のことをはじめて聞いたという方も多いのではないかと思います。国連が認定・登録している「遺産」のなかでもっともよく知られているのは、やはり「ユネスコの世界遺産」でしょう。これは、世界自然遺産や世界文化遺産をはじめ、無形文化遺産、世界記憶遺産など、多岐《たき》にわたっています。

このうち、世界自然遺産は、国際的な自然保護団体である「IUCN」（国際自然保護連合）が評価にあたっています。そして、残された自然の姿をきちんと守るために、外来種を駆除するとか、観光客の受け入れを制限するなどといった具体的な策を求めています。

もうひとつの世界文化遺産は、国際的なNGOである「ICOMOS《イコモス》」（国際記念物遺跡会議）が評価にあたっています。二〇一三年に富士山が世界文化遺産に登録されましたが、このとき、三保松原《みほのまつばら》を構成要素にふくめるかどうかが議論になったのを、覚えている方もおられるでしょう。ここでは、防波堤など、景観を阻害《そがい》しているという要素が議論の対象になりました。

しかし、砂浜の侵食が進んでいる三保松原では、防波堤は侵食を防ぐために必要な施設です。一方、ユネスコの世界遺産が求める価値観のもとでは、防波堤は望ましくない施設となります。なぜなら、自然遺産は「手つかずの自然」のままで、文化遺産は「当時あった形」のままに保存されなければならないからです。県知事の川勝さんは、消波ブロックに代わる、景観に配慮した方法を検討すると表明しています。

手つかずのもの、古いものを最上とするユネスコ世界遺産とくらべて、GIAHSでいうところの「遺産」とは、代々引きつがれてきた知恵の遺産により重きをおいています。それは、時代の変化や環境の変化によって移り変わっていくものです。よりよい方向への変化を可能にする伝統的な知恵の蓄積が「遺産」であるという考え方です。

つまりGIAHSは、変わりゆく遺産であり、進化する遺産であり、それゆえに、持続可能な農業を体現した遺産として認められます。GIAHSが認定するのは、表向きは伝統的な農法であったり、農業構築物であったりしますが、大切なのはあくまでも、それを維持・管理する人たちと一体となったシステムです。

ですから、独自性は必要ですが、価値の基準は、古いか新しいかではありません。GI

AHSの遺産的価値からすれば、いくら古くても、すでに人の手を離れ、放置されたものの、忘れ去られてしまったものに、価値はありません。

世界農業遺産基金のパルヴィスさんは、よく「GIAHSはパスト（過去）ではなく、フューチャー（未来）についてだ」といっておられますが、ここが、ユネスコの世界遺産の考え方とは大きく異なる点であり、GIAHSの考え方のなかで、もっとも重要な点です。

遺産を「守る」ということ

イフガオの棚田といえば、名前くらいは聞いたことのある方もおられるのではないでしょうか。フィリピン・ルソン島北部のイフガオ州にあり、山岳少数民族のイフガオ族が営んでいる広大な棚田です。

フィリピン政府が作成した資料などによると、棚田のあるイフガオ州は、一一市一七五村で構成される広大な地域で、州の人口は約一八万人です。そのうちGIAHSの対象となっている地域だけでも、約六八〇平方キロメートルにおよんでいます。

イフガオの棚田の特徴をひとことで説明すれば、山が蓄《たくわ》えた水を利用した巧《たく》みな灌漑《かんがい》システムにより、海抜一千メートルの険しい斜面で稲作を行なうという農業遺産です。棚田の歴史は、二千年以上前にさかのぼり、もとは中国で行なわれていたのが、ここフィリピンや日本に伝来したものと見られています。イフガオ族が何世代にもわたり、「パヨ」と呼ばれる棚田での稲作や水源管理の技術を伝承してきました。

棚田は、標高八〇〇～一二〇〇メートルの急峻《きゅうしゅん》なV字型の谷の斜面に、上部から谷底にかけて何十層にもわたって造られています。ひとつひとつの棚田は形も大きさもまちまちで、土や石を使って壁が築《きず》かれているのです。この一帯は熱帯雨林気候で、年間の降雨量が三千ミリを超えます。山の上部の森林に貯《た》まった地表水と地下水が棚田に流れこみ、漏れ出した水は下にある棚田を潤《うるお》すという合理的な構造になっています。

イフガオ族は、ここで高地に適した品種を長い年月にわたって育て、どの農家も三種類以上の品種の稲を植えています。彼らは、藁葺《わらぶ》き屋根で高床式の住居に暮らしており、種籾《たねもみ》は屋根裏に大切に保存されています。刈りとった稲わらは、棚田の一角に積み重ねられ、発酵した稲わらは「イナゴ」と呼ばれる堆肥《たいひ》として野菜づくりに使われます。水田に生息する小魚や貝、小動物は食料になります。

また、棚田の周辺には、焼畑や「ムヨン」と呼ばれる私有の二次林《にじりん》がモザイク状に残さ

イフガオの棚田
（Johanna Paula Daiwa 撮影）
左下は、高床式住居

れています。その林の一部を伐採《ばっさい》し、焼きはらって造られた焼畑では、おもにサツマイモが栽培されています。ムヨンは、間伐《かんばつ》や下刈り、枝打ちなどの手入れが行きとどいており、カシアマツやインドシタンなど、住居の材料や薪《たきぎ》などの燃料を供給します。ドリアンやマンゴーなどの果物や、ビンロウジやキンマなど薬用や儀礼用に使われる植物の採取場所でもあります。

たしかに、ここの棚田の景観は圧倒的なものですが、私は、こういった品種の確保や林の利用をふくめた、全体的な農業システムの伝統に感心させられるのです。

このすばらしい農業遺産は、一九九五年にユネスコの世界文化遺産に登録され、かつ、二〇〇四年にＧＩＡＨＳに選定されました。つまり、中国の**ハニの棚田**とともに、世界で二つしかない「ダブル世界遺産」の例です。ここには、パルヴィスさんがいうところの「パスト」と「フューチャー」の両方があります。

しかし、最近では、若者の都会への流出などによる人出不足から、耕作放棄された水田が目立つようになっています。過去五〇年間に、約一五〇平方キロメートルの棚田が放棄されたといいます。また、無秩序な家の建設などによって景観が損《そこ》なわれており、二〇〇一年から二〇一二年までユネスコの世界危機遺産に指定されていました。

これから地球温暖化による影響も出てくると予想され、地元のフィリピン大学やイフガオ州立大学、中国の雲南師範《うんなんしはん》大学、日本の金沢大学などが、現状分析や政策立案の助言などで支援しています。

二〇一二年一月には、金沢大学の中村浩二《なかむらこうじ》さんや、当時佐渡市長だった髙野宏一郎《たかのこういちろう》さんらが現地を視察し、イフガオ州知事のユージーン・バリタンさん、バナウエ市長のジェリー・ダリポグさんらと意見交換しました。イフガオでは、棚田のシステムを維持・発展させていくためのレジリアンス（回復力）の強化などが検討されていますが、日本の技術支援にも期待が集まりました。

その後、佐渡市は、イフガオに中古の耕運機を寄付することを申し出ました。ところが、ユネスコの世界遺産の基準では、耕運機が通れるような道を造ってはいけないことになっており、寄付は棚上げになりました。この逸話は、世界遺産とＧＩＡＨＳの違いを象徴しているように思います。

このほか、イフガオの棚田では、地域内での樹木の伐採が禁止されるなど、動植物の保護のためのさまざまな規制がなされています。理念を目的の異なる二つの制度が両立することの難しさを、イフガオの棚田の実例が示しています。

緑の革命の実態

ここで、ＦＡＯが長らく活動の中心においてきた、「緑の革命」について、もう少し補足しておきましょう。

緑の革命には、「品種改良」と「耕地の拡大」という、二つのアプローチがあります。品種改良は、すでにある品種を何代にもわたって掛け合わせ、生産拡大できる品種、病原菌に強い品種、厳しい天候条件に耐えられる品種、なによりもその土地に合った最良の品種を探し出すのが一般的ですが、それには長い年月が必要です。手っとり早い方法として、近年は「遺伝子組みかえ」の作物が導入されています。アメリカなどは、この方法で生産性を飛躍的に向上させていますが、日本では、安全性をめぐって論争が続いているのは周知のとおりです。

また、耕地の拡大は、文字どおり開拓によって農地面積を増やしたり、機械化したりすることです。すなわち農業の大規模化です。

緑の革命によって、食糧生産は飛躍的に増大し、過去五〇年間で約三倍に増えたといわれています。その成功例が、フィリピンのロスバニョスにある「ＩＲＲＩ」(国際稲研究所)でしょう。ここでの研究成果から、一九四〇年代から六〇年代にかけて、高収量品種の導入や化学肥料の大量投入などを実践した結果、生産性が飛躍的に向上し、稲の大量生産を達成しました。一九六六年には、IR8という高収量の稲の開発に成功し、この品種が普及することで、アジアではほとんど飢餓がなくなったわけです。

ところがその一方で、緑の革命によって、農地の質の悪化や地下水の枯渇《こかつ》、しいては砂漠化、土地の荒廃《こうはい》など、地球環境に多大な悪影響がおよぼされていることが指摘されるようになりました。

たとえば、アメリカの穀倉《こくそう》地帯は、大量の地下水を汲《く》み上げて大規模農業を行なっていますが、砂漠のような灼熱《しゃくねつ》の農地に大型スプリンクラーで散水しているわけですから、当然のことながら地下水の枯渇が問題になってきます。

日本は、そういうところで生産された穀物を大量に輸入しています。表現をかえれば、大量の水を輸入しているようなものです。東京大学生産技術研究所の沖大幹《おきたいかん》さんは、「バーチャル・ウォーター」という概念から現状を分析し、食糧の輸入にともなって大量の水を輸入している貿易の構造を明らかにしています。

さて、緑の革命はアジアでは一定の成功をおさめましたが、アフリカではうまく行きませんでした。高収量品種の栽培に必要な灌漑システムがなかったり、農民に科学肥料を買うだけのお金がなかったりしたためです。

そうした流れのなかで、FAOによる自己反省から出てきた取り組みのひとつが、GIAHSです。シルバ事務局長の話では、とくにアフリカについては、これまでと違ったアプローチが必要だと考えているようです。

持続可能な農業の時代へ

能登の国際会議に参加したリーダーのひとりに、世界食料安全保障委員会のモンコンブ・スワミナサンがいます。スワミナサンさんは、MSスワミナサン研究財団の理事長で、世界食糧賞（アメリカ国務省主催）やマグサイサイ賞（アジアで社会貢献をした人や団体に贈られる）を受賞しています。国際会議では私の隣に座っていましたが、その矍鑠《かくしゃく》とした外観からは、とても八八歳とは思えませんでした。

彼は、いまでこそ熱心なGIAHSの支持者ですが、もとは母国インドで「緑の革命の父」と称された国民的英雄でした。かつて緑の革命の代表的リーダーだったスワミナサンが、食糧の安全保障の見地から、それと距離をおくようになり、持続可能な農業の推進者となったことは、時代の変化を象徴していると思います。

私は、二〇一二年六月にブラジルのリオ・デ・ジャネイロで開催された、「国連持続可能な開発会議」（通称「リオ＋二〇《プラストゥエンティ》」）に参加しました。そこではグリーン・エコノミーのあり方がテーマのひとつとされましたが、その一環としてGIAHSの有用性を考えるイベントに出席することになりました。GIAHSや伝統的な農業が主流になることは、まだずいぶん先のことだと思いますが、緑の革命に象徴される近代的な農業とGIAHSに象徴される伝統的な農業、それぞれのいいところを取った中間的な道をさぐるのが、今後の進むべき方向性だと思います。

私たちは、そのような第三の道ともいうべき農業のモデルを、「モザイク型の農業システム」と名づけています。近代的な農業に対しては、複数の作物をローテーションで生産したり、化学肥料をできるだけ減らしたりする改善が考えられます。一方、伝統的な農業に対しては、これまでのやり方にこだわるあまり、近代的なマーケットのメカニズムにそぐわない面もあり、こちらも一定のレベルまで近代化していく必要があるのです。

同じ視点が、経営規模の問題にも当てはまります。農業には大きく分けて二つの方向性があって、ひとつは、経営規模を拡大することによって生産性を向上し、国際的なマーケットのなかで戦っていくという道です。もうひとつは、小規模な経営を維持しながら、生産物に付加価値を求めたり、ほかのビジネスを兼業したりすることによって、トータルで生計を立てるという道です。

とはいえ、開発途上国において、「食料を全国民に行きわたらせること」と「持続可能な農業の道をとること」とが、いますぐ両立するとは思っていません。しかし、日本のような先進国では、それは可能かもしれないのです。私たち日本人は、開発途上国だけでなく、国際社会全体に向けて、最良のモデルを模索する姿を見せていかなくてはならないのではないでしょうか。

これまでの農業政策は、世界でも日本でも、規模の拡大に重点がおかれ、小規模農家の役割は重視されませんでした。「生活の豊かさ」という観点からすれば、規模だけが、めざすべき方向ではないのは明らかです。

生活の豊かさについて、世界農業遺産基金のパルヴィスさんは、「バイオハピネス」という言葉を用いて説明しています。今後の方向性を議論する際にも、幸福という概念はとても重要です。それは、豊かさを金銭的な尺度だけで考えていいのかという問いにおきかえることができます。

また、「リオ十二〇」で示された、「インクルーシブ・ウェルス・インデックス」、日本語で「包括的な富」という指標があります。生活の豊かさを測るとき、従来のプロダクション・キャピタル（生産資本）だけでなく、教育を受けられたり、健康に暮らせたりすることのヒューマン・キャピタル（人的資本）や、水や自然などのナチュラル・キャピタル（自然資本）なども資本としてとらえる新しい考え方です。

「リオ＋二〇」の開催国であるブラジルにおいても、生産資本を増大させるために、自然資本を損なっているわけですが、では、トータルに考えた場合、それははたして発展といえるのかという問いです。

二〇一三年一月、「包括的な富」の提唱者であるパーサ・ダスグプタさん（インド系イギリス人）を東京の国連大学にお呼びし、「持続可能な社会の構築に向けて～「包括的富指標」とは～」と題した特別講演をお願いしたことがありました。そのとき包括的富指標による日本の評価結果に、私は衝撃を受けました。彼は、日本は自然資本をほとんど失っていない国だというのです。つまり、この国で消費される食料の半分、木材の過半は、外国で自然資本をすり減らしながら生産された農作物や木材を輸入して維持しているわけですから、日本国内の自然資本は減っていないというわけです。

日本人の空腹を満たすために、外国の土地の地下水が失われ、その土地が単一作物の連作や化学肥料の使用によって荒れはてています。それと引きかえにして、日本の里地里山だけが青々として守られたところで、そんなものは、本当の豊かさでも、幸福でもありません。また木材も同様で、日本の森林面積が国土の三分の二を占める森林国でありながら、海外から大量に木材を輸入しています。こうした木材の輸出国には、伐採《ばっさい》後の植林を着実に行ない、持続的な林業を続けている国もありますが、伐採後にそのまま放置し、土壌侵食を引き起こしたり、生態系を劣化させたりしている国も多いのです。

包括的な富は、いまのところ国別に評価されている段階ですが、国と国とのあいだのトレードオフの関係までわかってくると、たいへん意味のある指標になるでしょう。

世界農業遺産の位置づけ

以上のような大きな流れのなかで見ると、ＧＩＡＨＳの試みもまた、一面的なものといえます。しかし、世界の食料問題は、まだはるか手前の発展途上です。緑の革命に対するプランＢとして、ＧＩＡＨＳの普及に対する期待感は年々高くなっています。

ＧＩＡＨＳの活動は、ＦＡＯの「土地・水資源部」が中心となって、「ＧＥＦ」（地球環境ファシリティ）の資金援助を受けて行なわれています。ＧＥＦは、世界銀行のなかに設置されている信託基金で、おもに開発途上国を対象にした地球環境保全の取り組みを支援しています。昨年まで財務省で副財務官をしておられた石井菜穂子《いしいなおこ》さんが、現在、このGEFの事務局長（CEO）をつとめておられます。GIAHSの対象が当初、発展途上国だったのは、資金源がGEFだったことも関係しています。

GIAHSの認定は、FAOの科学委員会と運営委員会が合同で行ないます。立候補した各地域について、「五つのクライテリア（基準）」から審査し、通常は二年に一回の世界農業遺産国際会議で、その審査と認定がなされることになっています。

各国の候補地申請については、中国のように、「NIAHS《ニアス》」（国家重要農業遺産システム）といわれる、国レベルの組織が行なうケースもあります。しかし、日本をはじめ、多くの国では、地域の人たちが中心になって、自治体や企業、大学や研究機関、農業団体などを巻きこみ、地域レベルの協議会のような組織を設立してから、自国やFAOに働きかけているのが通例です。

私が属する国連大学は、おもにアジアのGIAHS候補地の掘り起こしに協力してきました。ちなみに国連大学は、世界各地にある一五ある研究所の集合体で、その本部は東京にあります。これは、アジアに本部をおく唯一の国連機関です。国連大学は研究教育機関であるとともに、国連のシンクタンクとしての役割を果たしています。

開発途上国にある地域の場合、ＧＩＡＨＳに認定されると、ＧＥＦから資金の援助を受けられ、地域農業の維持や活性化に用いることができます。また、世界のほかの地域との交流に必要な旅費や滞在費などを受けられ、国の垣根を超えて情報や知識の交換が進むというメリットがあります。

日本のような先進国の場合、ＧＥＦからの資金援助はありません。その代わりに、国や県の事業で積極的に取り上げられる可能性が高まり、国連大学など専門家からの支援や助言を得られます。また、国内外の知名度がともなうことで、作物のブランド力の向上につながることが期待されています。

しかし、なによりも重要なのは、認定を受けた地域の農家や住民たちの価値観に転換がもたらされることでしょう。それまでは、「発展から取り残され、古くて役に立たない」と否定的にとらえられていた農業技術やその文化が、世界的な評価を与えられることで、農家や地域住民たちの自信や誇り、やる気を引き起こす点に、もっとも大きな意味があるように思います。

どのような地域が、世界農業遺産に認定されるのか

ＧＩＡＨＳの認定が、「五つのクライテリア（基準）」から審査されることは、すでにお話ししたとおりです。それは、①食料生産と生計の関係、②生物多様性および生態系機能、③知識システムおよび適応技術、④文化、価値体系および社会的組織（農文化）、⑤勝《すぐ》れた景観、土地および水資源の管理の特徴、の五つです。

一番目の「食料生産と生計の関係」ですが、世界農業遺産は「生きた農業生産」のしくみであり、そこで生活する人の「ライブリフッド・セキュリティ」（生活保障）にとって、きわめて重要な意味を持っているという点です。

ですから、ユネスコの世界文化遺産が求めるような遺物となって、農業生産と関わりがなくなってしまっていては、ＧＩＡＨＳが求める遺産ではなくなってしまうわけです。ＧＩＡＨＳは、あくまでも生きた農業生産システムを評価するしくみであり、この点が発足以来ずっと第一のポイントになっています。

二番目の「生物多様性および生態系機能」は、「バイオダイバーシティ・アンド・エコシステム・ファンクション」の日本語訳です。最近、日本でもエコシステムという表現が聞かれるようになりましたが、要するに、生物多様性と調和したしくみになっているか、

あるいは自然の恵みを活かしたしくみになっているかという観点から評価するということです。

農業といえども、やり方によっては調和的にもなるし、自然破壊的にもなるのです。これは、「緑の革命か、ＧＩＡＨＳか」というＦＡＯの路線とも関わる問題です。

三番目の「知識システムおよび適応技術」は、「ナレッジシステム・アンド・アダプティッド・テクノロジー」の日本語訳です。

国連のなかにも、トラディショナル・ナレッジ（伝統的知識）、インディジナス・ナレッジ（固有の知識）、ローカル・ナレッジ（地域の知識）といったものについて考察しているグループがあります。

しかし、世界を支配しているのは、あいかわらず科学的な知識であり、伝統的な知識や地域に伝承される知識は一段低いものとして、あつかわれています。そういう見方に対し、先のグループが主張しているのは、科学の助けはもちろん必要だけれども、その土地で生きている人々の知恵や慣習をまったく無視して、科学一辺倒ですべてを判断してしまうのは、誤りなのではないかということなのです。

それは、地球温暖化などの気候変動にどう適応していくのかを考える場合にも当てはまります。日本でも九州などでは、実際に温暖化などによって高温障害が生じ、米の品種を変えることで対応しているのです。いろいろな品種を用意しておけば、気候変動に強い品種を使うことができます。ところが、単一の品種しかなければ、そういった変動があったときに適応できないわけです。

そのためには、伝統的な品種を遺伝子プールとしてもっておくことが重要になってきます。イフガオの棚田で、三種類の稲を栽培していることの意味はそこにあると思います。また、気候変動に対応できる新しい品種を作り出すにも、古い品種をいくつか掛け合わせながら探すしかありません。生物多様性の重要性も、その点にあります。

四番目の「文化、価値体系および社会的組織（農文化）」は、文化的な価値それじたい、あるいは文化的な価値を維持するための社会的なしくみのことで、「農文化」という言葉によって象徴されます。

パルヴィスさんは、Agriculture《アグリカルチャー》（農業）という言葉をAgri-cultureと、「アグリ」（農）と「カルチャー」（文化）とに分けて説明しており、私たちはこの言葉を農文化という日本語に訳しています。その意図は、農業をただ農産物の生産としてのみとらえるのではなく、総合的な文化としてとらえなければならないということです。農業に関する伝統的な行事や祭りだけでなく、さまざまな農作業上の約束ごと、鎮守《ちんじゅ》の森や豊作祈願のための信仰対象となるような施設など、地域特有の習慣や景観などもこのカテゴリーに入ってくると思います。

五番目が、「勝れた景観、土地および水資源の管理の特徴」です。これはＧＩＡＨＳの事務局がＦＡＯの土地・水資源部に属しているため、水や土地をうまく利用できているか、土壌侵食は大丈夫か、水資源の枯渇をもたらしていないかといった点を見るわけです。

日本の都会に暮らしていると、水資源の問題は、ダムの貯水量のニュースが流れたときくらいしか実感できませんが、このテーマは、農業にとってことさら重要なものです。

この五番目のクライテリアを十分に満たす事例として、スリランカの「タンクシステム」があります。これは、一千年以上も続いてきた伝統的な灌漑システムです。

灌漑といえば、まず大きなダムを造って、そこから大きな用水路で水を流す方法を思いつきますが、ここでは、中規模の「ため池」を造り、複数のため池を自然に近い状態の水路で階層的につなぎ合わせていくというしくみで、水の供給が行なわれてきました。

その結果、人々が水路で洗濯をするかたわらで家畜が水を飲むといった、暮らしと灌漑のしくみが一体化した日常風景がもたらされました。このシステムによって、人々の生活には、物質面の向上だけでなく、心の豊かさも得られるのです。

さらに、環境の変化に対しても、「レジリアンス」（回復力）を発揮します。たとえば、これがひとつの巨大なダムであれば、そこの水が涸《か》れてしまったらおしまいです。しかし、階層的なタンクシステムであれば、いくつかのため池は涸れずに残るかもしれません。

スリランカでは、これまで近代的な灌漑システムを導入してきたのですが、最近になって伝統的なしくみをうまく活かすハイブリッドの考え方を採り入れはじめています。

以上が、ＧＩＡＨＳがかかげる五つのクライテリアです。ここからは、世界各国のＧＩＡＨＳの実例を見ていくことにしましょう。

アジアの世界農業遺産

世界には、二〇一三年六月現在で、一一カ国、二五地域のＧＩＡＨＳサイトが認定されています。その内訳を地域別で見ると、アジアが四カ国一七地域でもっとも多く、ついでアフリカがタンザニア、ケニア、アルジェリア、チュニジア、モロッコの五カ国六地域、南アメリカがペルーとチリの二カ国二地域となっています。

このうち、アジアの国別では、中国が八地域でもっとも多く、日本が五地域、インドが三地域、フィリピンが一地域となっています。フィリピンの一地域は、**イフガオの棚田**です。日本の五地域については、第二章であらためて紹介します。

中国のGIAHSサイトからざっと見ていきましょう。

アオハンの乾燥農業システムは、アワやキビを主体に栽培しますが、これらの穀物は災害時に備えた食糧として収入源になっています。

万年《まんねん》の伝統稲作は、在来種の米を伝統農法で栽培する農業システムで、水田の周辺に森林が広がり、治山治水や生物多様性の維持が行なわれています。日本の里地里山に近い例と考えてよいでしょう。また、食事や習慣、言語などにも、伝統的な稲作文化が反映されています。

会稽山《かいけいさん》のカヤ栽培は、秦《しん》の時代に植えられたカヤの木を、いまも食用や薬用、加工品の原料として利用し、豊かな暮らしが支えられています。

中国の水田養魚《ようぎょ》の維持と発展については、稲作といっしょに、魚を養う農業システムですが、これはあとでくわしくお話しさせていただきます。

トン族の稲作・養魚・養鴨《ようおう》は、魚だけでなく、さらに鴨《かも》も養っているという例です。
このほか、**ハニ族の棚田**、**プーアルの伝統的茶農法**、**宣化《せんか》のブドウ栽培の都市農業遺産**があります。

インドのGIAHSサイトは、つぎの三件です。

カシミールのサフラン農業は、地域固有のサフラン栽培が二五〇〇年以上も受け継がれ、現在も一万七千の農家が栽培に従事しています。カシミールのサフランはカロチノイドの含有量が多く、鎮痛作用のある生薬《しょうやく》としても使われます。品質や生産性の向上だけでなく、マーケティングや直販の拡大による付加価値化にも成功しています。

コラプットの伝統農業は、少数民族が牛を使って田畑を耕すなど伝統的な農業を営み、多品種の米や薬草の原産地として評価されています。

クッタナドの海抜以下の農業システムは、海抜ゼロメートル地帯の水田で、米や野菜を作り、半農半漁の生活を営む珍しいケースで、これも一五〇〇年以上の歴史があります。

このほか、現時点ではGIAHSに認定されていませんが、重要な事例として、イランの「カナート」（地下水路）があります。能登の国際会議で名乗りをあげた候補地のなかで、唯一認定が見送られたものです。

これは、長大なカナートを用いて農業用水や生活用水を供給するというシステムです。イラン国内には、三万七千を超えるカナートがあり、その総延長は三万キロメートルに達します。乾燥地域では、灌漑をしても水がすぐ蒸発して塩分が溜まり、農業ができなくなってしまいます。このため、水路が地下に造られているのです。

水源地から農地まで、緩い傾斜をつけた横五〇〜八〇センチメートル、縦九〇〜一五〇センチメートルの地下水路が掘られ、ところどころ竪穴《たてあな》を設けて、水の管理ができるように工夫されています。カナートの建設や維持管理を行なうための、専門的な技術者集団が組織され、水利を中心にした共同の農業システムが営まれている点が、おもしろいと思います。栽培は春と秋に行なわれ、春にはキュウリやトマト、タマネギなど、秋にはコムギやオオムギなどが生産されています。

カナートでは一定以上の水を汲み出すことができないしくみになっているため、水が枯渇することはありません。ところが現状は、イランでもポンプ式井戸の導入が進んでいます。こちらのほうが手間もコストもかかりませんから、カナートは存続の危機に立たされています。

しかし、自然の地下水は採取しすぎると、枯渇してしまいますが、地下水路は、水が豊富な場所から計画的に運んでいるため枯渇しません。つまり、持続可能なシステムなのです。ぜひこれを守りつづけてほしいものです。

イランのカナートは、提出された申請書とプレゼンテーションでは、GIAHSへの認定に必要な五つのクライテリアを満たしているかを判断できないということで、今回は見送られましたが、近い将来、認定されるに違いありません。

水田養魚――コメを作り、魚を養う

中国に八つあるGIAHSサイトのうち、とくに興味深い**中国の水田養魚の維持と発展**の例を取り上げましょう。これは、浙江省《せっこうしょう》青田県《せいでんけん》などで行なわれている、水田での魚の養殖で、二〇〇五年五月に認定された、世界ではじめての五つのGIAHSのひとつです。

ただし、「中国の」と銘打《めいう》たれているとおり、同様の農法は中国全土で行なわれており、そのエリアは、GIAHS申請書が作成された二〇〇四年の時点で、一万五千平方キロメートルにおよんでいます。

水田養魚は、灌漑用水といっしょに水田にまぎれ込んだ川の魚が、そのまま水田で生息したことが始まりと考えられます。七〇〇〇年前には、すでに水田の周囲の溝に水を貯めて、魚を養殖するようになっていました。現在は、水田に稚魚《ちぎょ》を放ち、養殖しています。

水田で養殖される魚は、コイの一種で「田魚《でんぎょ》」と呼ばれています。田魚は泥を掘りかえして雑草や害虫を食べるので、除草や農薬散布の必要がありません。また、排泄物が稲の肥料になりますし、成長した田魚も、稲を収穫する九月に捕獲されて食用となります。無農薬、肥料、食用と、一石三鳥の有機農業システムになっているのです。

これまでの経験から、魚の養殖が稲の収穫量を増やし、稲作が魚の収穫量を増やすという相乗効果が報告されています。田魚は、よく働いて農家に富をもたらす象徴とされ、村によっては、これを嫁入りのときに持参する習わしが伝わっているそうです。

青田県の場合、周囲から流れてきた水を、池などにいったん溜めてから用いています。水質がよいため、この水で育った田魚は肉が柔らかく、味もよいということです。水田の底には、やはり周囲の里山から集めてきたマツやクスノキの枝を沈めて、田魚に寄生虫がつくのを防いでいます。

このように食用にされる田魚ですが、かつては、そのほとんどが村人たちの胃袋に入っていたことでしょう。それが、いまでは村外に出され、立派なビジネスになっています。水田養魚のシステムがGIAHSサイトに認定されたこともあって、そのロゴマークがついた田魚の価格は、一斤《きん》（五〇〇グラム）当たり一〇元（二〇〇五年）から、三〇元（二〇一二年）へと三倍まで上がりました。さらに、水田養魚で作られたコメにも付加価値がついて、高く取引されています。現地を訪ねる観光客の数も、約二千人（二〇〇四年）だったのが、五倍の約一万人（二〇〇八年）に増えており、GIAHS認定の効果がたいへん大きいことがわかります。

中国科学院では、社会的・経済的な変化がGIAHSサイトにどのような影響を与えているか、調査研究した論文を毎年発表してきました。それによると、農薬や化学肥料を使う近代農業が普及したことにより、水田養魚もまた絶滅の危機に瀕《ひん》しているということでした。この農業システムが、GIAHSに登録されることの意味は、まさにこの点にあると思います。

そんななか、田魚をより早く大きく育てるために、人工飼料を与えることが奨励されています。また、最近では、稲作か養魚かのいずれかに一本化する農家が増えているということです。これでは、「稲を作り、魚を養う」という兼業の伝統は、もしかすると消えてしまうかもしれません。GIAHSの目的は、伝統をビジネスに結びつけることですが、ビジネスが大きく先行しては、その理念も絵に描《か》いた餅になってしまいます。

それでも、規模の大きくない有機農業が、近くまで都市化の波が押し寄せている地域で、いまもって続けられていることは、特筆すべき点でしょう。

都市農業の可能性

中国の都市化は、めざましいものです。都市農業の視点から、能登の世界農業遺産国際会議で新たに認定されたＧＩＡＨＳサイトがあり、私のなかでとくに印象的な事例となりました。

それが、**宣化のブドウ栽培の都市農業遺産**です。街なかの住居の裏庭にこしらえた棚でブドウを栽培するというもので、一三〇〇年以上の歴史があります。

ほかの都市農業としては、キューバの事例があります。キューバはかつてソビエト連邦からの食料輸入に頼っていたのですが、ソ連の崩壊によって輸入が激減したため、自給率の向上が喫緊《きっきん》の課題となりました。そこで、都市部でも農業を始めることになり、そのアイデアが成功をおさめたのでした。

少子高齢化が進むにしたがい、日本でも、都市農業の重要性が再認識されるでしょう。高齢者が都市に集まるという傾向は、今後も続くでしょう。都市のほうが、医療などの施

都市のなかで育つブドウの古木

宣化地域では、住宅の合間にブドウ畑が広がっている

設が充実しているからです。一方で、都市農業は、高齢者の生きがいや健康と結びついて、たいへん重要な役割を演じると私は考えています。

東京においても、少し郊外に出ると、住宅の合間に田畑が点在しています。いっときは、そういった都市農業がどんどん駆逐され、新しい住宅地や商業施設に転換されていましたが、都市で作られる農作物に関心を示したのは、ほかならぬ都市民でした。こんな街なかの農業なんて不衛生だと考える人もいるでしょう。しかし、逆の発想も成り立ちます。そこで作られる農作物が安全なものになるように、周囲の環境から守っていこうとする意識が生まれるからです。

美しい里地里山で営まれる農業があれば、都市農業も立派な農業です。そうした都市農業と世界農業遺産とを結びつけるという発想は、これまで出てきませんでした。そこに、最古の都市農業ともいうべき中国宣化のケースが現われたので、ＦＡＯの審査委員たちは賛同を示し、高く評価したのです。

もっといえば、日本の里地里山は、多くが都市に近接しています。広い国土をもつ他国の人たちからすれば、その農業環境はまったく驚くべきものでしょう。実際に、能登地域の中心部にも、東京羽田から一時間あまり、金沢市から一時間足らずでアクセスできます。能登空港にいたっては、奥能登地域のど真ん中に位置しているのです。もっと規模の小さな里地里山であれば、東京近郊にいくつもあります。

都市のなかに、あるいは都市の近接地にある農業の事例は、今後の日本が世界に向けてもっとアピールしていくべき特徴ではないでしょうか。地方では農業の後継者となる人口がどんどん失われていくと嘆くばかりではなく、都市にはまだそれなりの人口があるのだという事実から発想していかなくてはならない時機にきています。

なぜ、アジアの世界農業遺産が多いのか

現在、世界のＧＩＡＨＳサイトのうち、六八パーセントがアジア地域です。それには、アジアに伝統的な農業システムが多く残っているからという理由があげられます。ところが、伝統的な農業システムが多くある東南アジアにかぎれば、認定されたものは**イフガオの棚田**のひとつだけしかありません。世界のＧＩＡＨＳサイトの半分以上が、中国と日本にあります。

この現状について、多分に政治的であると非難される方もおられるでしょう。実際のところ、中国と日本が、ＧＩＡＨＳのグローバル・パートナーシップ内で強い発言力をもっ

ているという理由が大きいことは否めません。

ＧＩＡＨＳ認定にいちばん熱心なのは中国です。国レベルの制度である「ＮＩＡＨＳ」（国家重要農業遺産システム）が構築され、戦略的に申請作業を進めています。一回の世界農業遺産国際会議につき二地域ぐらいの登録をめざし、そのためにＮＩＡＨＳのもとで一〇カ所ぐらいの候補地を維持しながら、申請を準備していくような体制を取っています。

そのつぎに熱心なのが、日本ですが、さらに韓国が認定に向けた活動を本格化させています。そうしたなかで、日中韓の三カ国が共同して、いまある五つのクライテリアに加えて、東アジア地域バージョンのクライテリアを構築しようという動きも進んでいます。

日本は、島嶼《とうしょ》領土をめぐって中国や韓国とぎくしゃくとした関係になっているわけですが、農業文化という切り口で交流を深めることによって、三カ国が良好な関係を築く一助になるのではないかという期待もあります。日中韓の研究機関「東アジア農業遺産研究会」を設立することにし、意見交換に力を入れているところです。

韓国では、二〇一二年四月に「国家農漁業遺産制度」を導入し、二〇一三年一月には第一弾として、全羅南道《ぜんらなんどう》の「青山島《チョンサンド》オンドル石《いし》水田」、済州島《チェジュド》の「黒龍万里《こくりゅうばんり》の石垣畑」の二件を国家重要農業遺産に指定しました。韓国では農業だけでなく漁業も制度の対象にしているのが特徴的です。

私は、日本でも、中国や韓国のような国内制度、組織を設立してはどうかと提案しています。ここで誤解がないように申し上げますと、なにもＧＩＡＨＳサイト（認定地域）の数を競《きそ》っているのではありません。

能登の国際会議での審査委員会で、私は最後に挙手をして発言しました。それは、アジアが伝統的な農法に恵まれた地域であることは事実としても、あまりにもアジアに偏《かたよ》っているのではないかという問題提起でした。私自身、日本のＧＩＡＨＳ認定に力を入れてきましたが、その一方で、東アジアの三カ国がこの制度を自分たちだけのものにしてしまってはならないと考えています。

理想をいえば、東アジア以外のアジアや、中南米、アフリカ、欧米など先進国の事例を増やしていかなくてはなりません。しかし、ものには順番があります。

申請をするためには、本格的なフィールド調査が必要ですし、多くの国では、英語で申請書類を作成するのも簡単なことではありません。それなりの技術や経験が求められます。研究機関や行政のバックアップがないと、なかなか申請までこぎつけられないというのが実情です。

また、多くの先進国において、ＧＩＡＨＳは知られていません。日本でも、五つものサイトがあるにもかかわらず、知っている方はまだ少ないでしょう。そもそもＦＡＯというのは、おもに開発途上国の農業発展のためにある組織なのですから、先進国の国民が知らなくて当然のことでした。

そこで、私たちの大きな役目のひとつは、まず日本での認知度を高めることです。中国や韓国の熱意も必要です。資金力や組織力のある東アジアの国がリードをして、土台を築《きず》いていかなくてはなりません。

能登の国際会議では、ほかの地域の事例に対しても、申請を待っているのではなく、今後は意図的に申請が増えるような仕かけをしていく必要があるとも提言しました。この意見については、多くの審査委員が賛同しました。

実際に、日本の地域がＧＩＡＨＳに認定されたことで、欧米などの工業先進国でも、申請に向けた動きが出てきています。

ヨーロッパには、小規模農家を重視する伝統があり、日本の里地里山とは少し異なるものの、人間が管理する自然の姿が脈々と息づいています。このあたりを掘り起こしていけば、この地域におけるＧＩＡＨＳの価値も、よりいっそう高まるのではないかと思っています。

またアメリカの場合、ワインの醸造で有名なカリフォルニア州ナパバレーが有機農業に取り組んでおり、やはりＧＩＡＨＳの認定をめざした活動を進めています。

韓国の試み

この八月に、ＧＩＡＨＳ認定をめざす韓国の候補地でのワークショップに出席してきました。先述した、すでに国家重要農業遺産に認定されている二件です。

能登の国際会議には、韓国で伝統的な農業を推進しておられるメンバーも参加していました。国連大学が日中韓の農業比較をしていたこともあって、研究員は現地を見ていましたが、私はまだでした。韓国の関係者方とも能登ではじめてお会いしたのでした。

今回のワークショップを主催してくれたのは、韓国農漁村遺産学会、済州発展研究院などの団体です。日本がどのようにして、遺産認定を進めていったのか、その経緯を学びたいとのことでした。ところが、話はどんどん大きくなり、中国でＧＩＡＨＳの普及に尽力されている、中国科学院地理科学資源研究所の閔慶文《ミンチンウエン》さんたちも参加することになりました。さらに、日本からも、静岡をのぞく四カ所のＧＩＡＨＳサイトから参加者があり、日中韓の関係者が集《つど》う、思わぬ大所帯となっていました。

最初に訪れたのは、済州島です。ここは、まさしく石の島といったところで、いたるところに、石垣や石造物、巨石が見られます。GIAHS認定をめざす「黒龍万里の石垣畑」もそのひとつだといえます。

黒い石垣が龍のように延々と蛇行《だこう》しながら続いていることから、黒龍万里という呼び名が生まれました。済州島はたいへん風の強い土地柄ですから、砂の流出を防ぎ、風から農作物を守るために、農地を囲む石垣が必要です。

ところが、近づいてみると、ずいぶん雑に積まれているような印象を受けるのです。その理由を地元の人に聞いて感心させられたのですが、隙間《すきま》なく積んでしまうと、かえって風で崩されてしまうから、わざと荒く積んであるというわけです。こうして、強すぎる風を受け流す知恵を実践していたのです。これがヨーロッパであれば、風に耐えられる頑丈な石垣をこしらえようと考えるに違いありません。済州島の石垣は、日本風にいえば、「柳に風」ということで、どことなく感覚が似ているように思えてきました。

済州島は、海女《あま》（ヘニョ）の文化が息づく島としても知られています。この土地の海女さんたちは半農半漁の暮らしをしています。朝は海で貝や海藻を採集し、昼からは畑で農

済州島にある石垣は、強い風から畑を守るために造られた。
その形から黒龍万里と呼ばれている

石垣に近づくと、粗く積まれているのがわかる

作業という生活です。これは、里地里山と里海が人の営みによって結びついていることを示す、絶好の事例だと思いました。

済州島の二日目は、会議づくめでした。会議が終わると、その日のうちにフェリーで、莞島《ワンド》という島に移動します。このあたりは、多島海といって、日本の瀬戸内海のように大小の島々が集まっている地域です。目的地の青山島《チヨンサンド》は、莞島からさらに連絡船を使って移動しなくてはなりません。

青山島は、人口三千人ほどの美しい島です。島にある伝統的な住居も美しい石垣に囲まれていました。韓国の島々の文化は、石というものと切り離せません。目的地である「青山島オンドル石水田」も、やはり石の遺産です。

この島では稲作が行なわれていますが、その水田に「オンドル石」のしくみを活用した水路が構築されています。全貌を外から確認することはできませんが、その出口から様子をうかがうことができました。オンドル石という名称は、その構造に由来するもので、用途はあくまでも水路です。島の農業にとって大切なことは、強風対策のほかに、水の確保があります。なけなしの水がすぐに海へ流れないように、水路を造って循環させ、大切に使いまわしているわけです。

また、オンドル石水田が生み出す水の環境には、カブトエビが生息しています。

韓国が、はじめて農業遺産に取り組むにあたって、ただ産業的な意味からだけでなく、島で行なわれている農業の、石、風、水にまつわる遺産を選んだことは、画期的な試みだといえるでしょう。日本の農業との関連も十分に考えられますし、たいへん興味深く感じられたのです。

アフリカと南アメリカの世界農業遺産

アフリカには、六地域のＧＩＡＨＳサイトがあります。

マサイの放牧は、タンザニアとケニアの二カ国にまたがるサバンナで暮らす遊牧民、マサイ・ダバド族に古くから伝わる知恵を活かした牧畜のシステムです。

マサイの生活は牛とともにあり、牛の血や乳が主食です。牛を殺してその肉を食べるのは、誕生や結婚、葬送など、特別な日だけです。彼らは、牛を襲うライオンのみ殺しますが、ライオン以外の野生動物を殺すのはタブーであるため、生物多様性が維持されてきました。

また、サバンナに生育する薬用植物を見分け、マラリアや下痢、腹痛などの治療に用いています。

一九八〇年代、厳しい旱魃《かんばつ》に襲われて以後、政府から土地を提供されてトウモロコシや豆を栽培するグループも出てきていますが、牧畜を重視する伝統は守られています。

マグリブのオアシスは、アルジェリアのゴート・システム、チュニジアのガフサのオアシス・システム、モロッコのアトラス山脈のオアシス・システムと、三カ国にまたがっています。酷暑の砂漠地帯で何千年にもわたって継承されてきた農業システムです。灌漑施設をうまく使ってナツメヤシなどの果樹や野菜を生産しています。

このほか、タンザニアの**キハンバのアグロフォレストリー**があります。

南アメリカのGIAHSサイトは、二地域です。

チロエの農業は、チリの南に位置するチロエ諸島で営まれている農業システムです。ここはジャガイモの原産地で、いまも固有な約二〇〇種類が生産されています。その農法が、チロエやウリーチェ、メスティーソなど、先住民の、おもに女性の口伝《くでん》によって守られているのです。

ペルーの**アンデスの農業**は、海抜四千メートルという高地の厳しい環境に適応した農業システムで、何世紀にもわたって続けられてきています。アンデスもジャガイモの原産地です。農民は、その畑の周辺に溝を掘って水を貯め、日照で温められた水を、夜になると畑に流して、霜除けとして利用しています。

アフリカと南アメリカは、GIAHSの重点地域として、サイト数を増やしていかなくてはならないと考えています。

アグロフォレストリーという考え方

タンザニア北部のキリマンジャロ地域、チャガ族が昔から行なっているユニークな農業システムがあります。これが、**キハンバのアグロフォレストリー**です。

FAOの資料などによると、対象となっているのは、霊峰キリマンジャロの南側にあたる標高八〇〇メートルから二二〇〇メートルにおよぶ山麓地帯で、六・二平方キロメートルほどの面積に二五〇〇人あまりの人が住んでいます。

キハンバとは、「多層農園」のことです。バナナの木や木材に用いられる樹木を植え、そのあいだにも、コーヒーやハーブ、果物など、一〇〇種類以上の農作物を栽培するしくみです。バナナだけをとっても一五種類あり、食用だけでなくビールの醸造や家畜の餌《えさ》などにも使われています。

土地の生態系に沿った農作物だけを多種植えることで、結果として自然の生物多様性が維持されています。その土地の自然の恩恵を受けるような形で、農業が行なわれているのです。そのため、致命的な病害虫におかされることもなく、農薬を使わずに栽培が維持できているといいます。

「アグロフォレストリー」は、アグリカルチャー（農業）とフォレストリー（林業）とを組み合わせた言葉で、一九七〇年代なかばに生まれた新造語です。日本語では、「農林複合経営」などとも訳されています。

アグロフォレストリーは、地域によっていろいろなタイプがありますが、高い木の下に果樹や農作物を植え、場合によっては家畜を飼って、いわゆる人為生態系を構築する方法が一般的です。農作物だけの栽培であれば、スコールが降るたび表土が流れたり、旱魃によって水が涸れたりして、どうしてもレジリアンスが弱くなります。ところが、アグロフォレストリーから農業を組み立てていくと、急激な環境の変動にも強い安定を得ることができます。

アフリカの場合、直面する飢餓や貧困をなくすために耕地を拡大し、農業生産も増大しなければなりませんが、その一方で、環境を守り、生物多様性の維持もしなければなりま

トメアスのアグロフォレストリー。一見何の変哲もない森林に見えるが、このなかで多くの農作物が栽培されている。私たちが抱いているアマゾンの森林のイメージともまったく異なっており、日本の雑木林に近い印象を受ける

せん。これがないと、せっかく開拓した土地も、たちまち疲弊《ひへい》してしまうでしょう。結局のところ、持続可能な農業でなくては、アフリカのような極度に厳しい環境のもとでは長続きしないのです。

私はそういう意味で、アグロフォレストリーが、グリーンエコノミーの最良のモデルになりうるのではないかと考えています。「リオ＋二〇」でプレゼンテーションをした際にも、生物多様性から見たグリーンエコノミーの事例として紹介しました。

「リオ＋二〇」の直前に、アマゾンのトメアスという地域を視察してみて、その思いは確信に変わりました。トメアスは、アマゾン川の河口にあるベレンから南に一〇〇キロメートルほど離れたところに位置する、人口六万人足らずの町です。日本人の入植地として歴史が古く、現在でも三〇〇戸ほどの日系人が暮らしています。そこには、彼らが中心になって守ってきたアグロフォレストリーがありました。

いっときは、黒いダイヤといわれたコショウを栽培して莫大な富を築き、コショウ御殿と呼ばれる豪邸が建ち並んだそうです。しかし、単作（単一の作物を栽培すること）の弊害で、病虫害が発生して壊滅的な被害を受けました。

そこで、自然を大切にしながら農業を営んでいる現地の先住民から学んで始めたのが、この地域のアグロフォレストリーです。やがて、多品種の樹木や農作物を植えるようになり、いまでは、アサイーをはじめ、カカオやブラジルナッツ、パパイヤ、マンゴーなどを生産しています。

トメアスを案内してくれたのは、果物の輸出入を行なっている日本企業、フルッタフルッタの長澤誠《ながさわまこと》さんです。フルッタフルッタは、アマゾンのアグロフォレストリーで生産されたアサイーのジュースを独占販売して、日本で一大ブームを起こしました。

長澤さんとはじめてお会いしたのは、日系ブラジル人のアマゾン移民八〇周年を記念するシンポジウムでした。トメアス在住の日系人たちも参加していました。

このシンポジウムには、ケニアの首都ナイロビにある、「国際アグロフォレストリー研究センター」のデニス・ギャリティさんを招き、アグロフォレストリーをテーマに「常緑の農業に向けた新たなビジョンの創造」と題して講演していただきました。

じつは同じシンポジウムで、私も「アグロフォレスリーの意義と里山ランドスケープ」と題する講演をしたのですが、そうしたら、二人のいっている趣旨がまったく同じだったわけです。アグロフォレストリーは垂直的な多品目、里地里山は水平的な多品目ですが、原理は同じです。

私は、農業の規模拡大じたいには賛成しています。しかし、単一作物で拡大しなくてもいいのではないでしょうか。単作でないと非効率という人もいますが、技術開発が進むと、コンピュータで最適に管理することによって、複数の農作物や、木材、家畜などを、モザイク状に効率的に生産できるはずです。

アマゾンでは、無計画に森林を伐採して農地を開拓し、土壌が劣化すると、また別の農地を開拓するということを繰りかえしてきたため、森林が減少していると、長澤さんは警告しています。アグロフォレストリーの導入は、その悪循環に歯止めをかけて森林の維持に貢献するだけではありません。小規模農家でも高い収益性が得られるメリットがあるため、貧困対策としても期待されているのです。

長澤さんがめざしているのは、アグロフォレストリーを前面に打ち出したビジネスモデルです。これまでの輸出入ビジネスは縦割りで、コメならコメという、ひとつの生産物を取りあつかっていました。それゆえ、いろいろな生産物ができるアグロフォレストリーには、いくつもの企業が入る必要がありました。しかし、生産する側で意識の改革ができても、それを受け入れる側のしくみができていないと、長澤さんは訴えておられます。彼は、アグロフォレストリーを支える異なる企業間のパートナーシップがとくに重要だと、シンポジウムで主張されていましたが、私もまったく同感です。

　長澤さんは、トメアスのアグロフォレストリーをＧＩＡＨＳに認定できないかと考え、奔走《ほんそう》しています。

世界農業遺産の精神

　ＧＩＡＨＳは、運用されるシステムですから、認定されてそれで終わりではありません。継続がすべてです。二年ごとに開かれる世界農業遺産国際会議でも、認定後の状況が報告されますし、ＦＡＯの担当者が定期的に現地を視察して、さまざまなアドバイスを行なっています。農業遺産のシステムを維持していくためには、なによりも地元の農家や関連団体、行政が連携して課題に取り組んでいかなければなりません。

　その際にも、ユネスコの世界遺産のように「〜してはならない」という禁止事項で規制するのではなく、つねに関係者で話し合い、よりよい方向へ発展させていくことがポイントになります。「〜したほうがよい」というのが、ＧＩＡＨＳの精神です。

　たとえば、静岡掛川地域の場合、電線や電柱、送風ファンが林立して、茶畑や茶草場が織りなす景観を損なっている点が大きな問題となってきました。電線の地中化がより意味をもつのは、田園地帯だと思うのですが、日本の場合、どうしても人口の多い都市から地中化が始まるのが通例で、農村は後回しです。せっかくＧＩＡＨＳに認定されたのです。訪問した人たちにその農村景観のすばらしさを十分に伝えるために、認定地域内だけでも電線の地中化を実現して、日本の農村景観のモデルとなるようにすべきであろうと考えています。

ＧＩＡＨＳの精神は、「サステイナブル・ライブリフッド」（持続的な生計）という言葉にも象徴されています。

これはたんに農業生産だけでなく、農業に従事する地域の人たちが、満足しながら生計を立てることができる状態を意味しています。豊かさという概念に近いですが、お金を儲《もう》けるだけではなく、幸せだと思えるような暮らしができるということです。

この概念は、かならずしもＧＩＡＨＳや農業の世界だけでなく、新しい世界の見取り図を作っていくうえでの基準になるのではないかと期待しています。

国連は、貧困や飢餓の撲滅など、八つの目標をかかげた「ミレニアム開発目標」（ＭＤＧｓ）の後継として、「持続可能な開発目標」（ＳＤＧｓ）について議論しています。二〇一五年を期限に、二つの目標を統合した新たな目標を策定しようとしているところですが、そのなかに、サステイナブル・ライブリフッドが重要な概念として取りこまれる可能性が高まっています。

誰のための世界農業遺産か

私はいま、日本独自の農業のクライテリアについて研究を進めているところです。それは、大きく三つあります。

第一が、「レジリアンス」です。病虫害や自然災害、経済変動など、さまざまな変化があっても、すぐに回復できる、つまり、変化に強いということです。タンザニアやブラジルのアグロフォレストリーが、その代表的な例でしょう。イフガオの稲作農家が、三種類以上の稲を植えていることも、レジリアンスを表わしていると思います。

第二が、「ニューコモンズ」です。コモンズとは、入会地《いりあいち》の意味ですが、ここでは、資源を管理する新しいしくみづくりのことです。高齢者がいくら頑張って伝統農法を守っても、次世代に確実に継承されなければ、そこで終わってしまいます。たとえば、民間企業を入れるなどの選択肢もふくめて、多様な主体の参加によって継承できるしくみを作っていかないといけません。これについては、第三章でくわしく述べたいと思います。

第三が、「ニュービジネスモデル」です。これは、次世代に継承できるトータルな「六次産業化」をビジネスモデルにすることです。六次産業とは、東京大学名誉教授の今村《いまむら》奈《な》良臣《らおみ》さんが提唱された新造語で、一次産業（農漁業）、二次産業（加工業）、三次産業（流通・サービス業）をかけ合わせることによって得られる、一次産業従事者の発展を意味しています。

日本では六次産業化の試みが各地でなされていますが、このビジネスという視点が、ＧＩＡＨＳには弱いのです。伝統的農業とそれに起因する利益のダイナミックな融合、と言葉だけでいえば簡単ですが、実践はたいへん難しいものです。

とくに、ＧＩＡＨＳの対象に観光ビジネスまでを入れるかについては、非常に悩ましい論点でしょう。問題は、観光で得た利益が誰のもとに行くのかということなのです。

中国の雲南《うんなん》省でワークショップを開催した際、**ハニ族の棚田**を視察しました。山腹にある集落の上には森林が、下には棚田が広がり、伝統的な農業と灌漑のしくみが残っているところです。その広大さは、日本の棚田の比ではありません。また、ため池がないにもかかわらず、水が豊かなことにも驚かされます。写真家の青柳健《あおやぎけん》二《じ》さんは、「吐き気がするほど美しい」という、名言を残しておられます。

この棚田には、耕作放棄地がなく、みごとな景観を維持していますが、観光のポイントは棚田の全貌を見渡せる見晴らし台です。ここに土産物屋などが営まれているのですが、それを経営しているのは、農家ではなく観光業者です。

業者に話を聞くと、利益はちゃんと農家に還元しているといいます。しかし、どう見積もっても、儲けた額と還元している額のバランスが取れていないように思われました。土産物屋を地元の農家が中心となって経営し、自分たちが作った物品を売るようにすれば、それは農業と景観を同時に守り育てることに貢献するのではないでしょうか。

ハニ族の棚田の集落には、農家民宿やレストランもあって、私たちはそのレストランで食事をしました。観光客が農家の経営する民宿に泊まり、棚田で採れた米や野菜を食べて景観を楽しむのであれば、この点は理想的な農業観光システムといえます。

日本でも、千枚田《せんまいだ》など農業遺産を訪ねるツアーが、域外の観光業者によって企画されていますが、地元農家の利益と直接つながっているものばかりではないでしょう。現地にはお金が落ちず、作業の障害にだけなっている事態も考えられます。

地域のさまざまなステークホルダー（利害関係者）によるニューコモンズ、ニュービジネスを作らなければならないというのは、そういう問題があるからです。観光業者が、農家とまったく切り離されたところで利益だけを追求するのでは、地域の繁栄はありません。地域が栄えないと、やがて観光業者も儲けられなくなります。耕作放棄地が増えれば、観光の魅力も下がってしまうからです。

いっとき自分たちだけが儲かればよいというのではなく、ステークホルダーをうまくつないで、それぞれが地域をつくっていく主体のひとりとして関われるような、新しいしくみづくりが必要ではないかと考えているところです。

第二章　日本にある世界農業遺産

五つの世界農業遺産が日本にある理由

二〇一一年に北京の世界農業遺産国際会議において、新潟県佐渡地域の**トキと共生する佐渡の里山《さとやま》**と石川県能登地域の**能登の里山里海《さとうみ》**の二地域が、ＧＩＡＨＳ（世界農業遺産）として認定されたのは、先進国としてははじめてのことでした。

つづいて、二〇一三年の能登の世界農業遺産国際会議では、熊本県阿蘇地域の**阿蘇の草原の維持と持続的農業**、静岡県掛川《かけがわ》地域の**静岡の茶草場農法**、大分県国東《くにさき》半島・宇佐《うさ》地域の**クヌギ林とため池がつなぐ国東半島・宇佐の農林水産循環**の三地域も認定され、日本にあるＧＩＡＨＳサイトは全部で五地域となっています。

ＧＩＡＨＳは、これまで開発途上国の農業を念頭においてきたもので、先進国を対象にするという発想じたいがありませんでした。日本の遺産認定は、ほかの先進国も巻きこむという、今後の方向性をはっきりと示したのでした。

また、資金力や組織力のある国も当事者に加わっていくことで、「先進国が開発途上国に手を貸す」といった一方的な考え方を捨てて、世界の農業のありようをいっしょになって考えていこうという、ＧＩＡＨＳの姿勢を新たにしたのでした。そういった意味で、画期的なことだったと考えています。

国連では現在、二〇三〇年までの「持続可能な開発目標」について議論をしているところで、二〇一二年の「リオ＋二〇」では、二〇一五年までに新たな目標を設定することを決めています。この「持続可能な開発目標」のもとでは、開発途上国を中心にした「ミレニアム開発目標」（貧困や飢餓の撲滅など）の達成目標をかかげながら、気候変動や生物多様性の減少といったグローバルな課題もあわせて考えていくべきという議論になっています。

この大きな流れからすると、開発途上国の問題と先進国の問題とを分離して考えるのではなく、開発途上国にも先進国にも共通する目標を設定していかねばならないということになるでしょう。まさに、そういうターニングポイントともいえる時期に、日本のＧＩＡＨＳサイトが認定されたのでした。

海外の人たちは、日本が最先端の技術をもつハイテクの国でありながら、その一方で伝統的な文化や芸能が伝承されていることに驚いていますが、今回は、農業の分野についても同様の認識をもたれたことでしょう。ＧＩＡＨＳの対象となるような農業や農文化は、中国などアジア全般に見られるものですが、そのひとつが日本にも残っていると考えればよいと思います。

つまり、アジアの農業の特徴のひとつが、モンスーン地帯における水田農業であり、その伝統に育《はぐく》まれた土地利用の形態です。典型的な形態が、中国やフィリピンなどの棚田の光景ではないでしょうか。

日本でも、この地域特有の土地利用の形態が残り、水田農業が続けられているわけです。「千枚田《せんまいだ》」と呼ばれる棚田もふくめて、私たちは、それを里地里山と呼んでいます。里地里山については、第三章で改めてお話しします。

そうした伝統的な農業がただ残っただけでなく、将来に向けた地域づくりの核として見直されようとしている点が、アジア外の諸国からは興味深く映る理由なのかもしれません。GIAHS認定をめざして取り組みを進めている段階からそうだったのですが、認定されて以後、それは実際に、新たなブランドとして地域づくりの核となりつつあります。

それでは、日本の五地域のGIAHSサイトをひとつずつ見ていくことにしましょう。

固有の生態系をもつ島

佐渡島《さどがしま》は、日本最大の離島で、新潟から高速船に乗って約六五分かかります。二〇〇二年に、島内の全市町村が合併して、行政区分としては、ひとつの島で佐渡市となっています。佐渡市の申請を受けて、二〇一一年に北京での世界農業遺産国際会議の合同委員会で審査された結果、佐渡島全体が、**トキと共生する佐渡の里山**としてＧＩＡＨＳに認定されました。

ここでは、周知のとおり、二〇〇八年から国家プロジェクトとして人工繁殖したトキを野生化する取り組みが進められています。このトキが生息するためには、餌場《えさば》として生きものが豊富な水田の存在が不可欠です。このため、農家や住民、行政、大学などが連携して、生物多様性を確保するための農業環境から整備していこうとしています。

こうしたなかで栽培されたコメ（コシヒカリ）は、「朱鷺《とき》と暮らす郷《さと》」ブランドとして佐渡市から認証を受け、通常価格よりも五キロあたり七〇〇～一千円高く取引されているのです。このように環境を保全する農業によってトキが生息できる生物多様性を確保するとともに、農家の所得向上にもつなげていこうとする農業の姿勢が、持続可能性のある世界的な農業モデルとして認められました。

佐渡の地形は、標高一千メートルを超える北部の大佐渡《おおさど》山地と標高四〇〇～六〇〇メートルの南部の小佐渡丘陵、そのあいだに挟《はさ》まれた国中《くになか》平野からなり、さまざまな生物が生息しています。佐渡にしか見られないネジリカワツルモをはじめ、絶滅危惧種Ⅰ類の植物だけでも三七種類が確認されています。また、サドモグラやサドノウサギなど固有の哺《ほ》乳《にゅう》類が生息しているほか、ツルやハクチョウなど渡り鳥の休息地ともなっています。

私が二〇一〇年にここを訪れたときに感じたのは、自然が非常にコンパクトにまとまっていることでした。山があり、谷があり、平野があり、集落があると思えば、「谷地田《やちだ》」があって、ひとつの小宇宙が構成されているような印象を受けました。谷地田とは、谷あいの、周囲を林地に囲まれた細長い土地につくられた水田のことで、関東地方では、谷津《やつ》田《だ》や谷戸《やと》田《だ》と呼ばれているものです。

なぜ、トキの復活が必要なのか

佐渡地域のGIAHS申請書などによると、このサイト最大の特徴は、「トキと共生する」という点です。国の特別天然記念物に指定されているトキは、国際保護鳥でもあり、「ニッポニア・ニッポン」という日本の国名を冠《かん》した学名をもっています。まさに、日本の生態系を象徴する存在です。

農業とトキの生息とに、どういった関係があるのか、不思議に思う方もおられることでしょう。それは、ただ生物多様性の象徴というだけでなく、実際に持続可能な農業の指標となる存在でもあるのです。

二〇一〇年、佐渡市農林水産課の渡辺竜五《わたなべりゅうご》さんの案内で島内の田んぼや里山などを見て回ったとき、新穂青木《にいぼあおき》地区の広々とした水田の上空で、運よくトキが大きな羽根を広げて優雅に大空を舞う姿を目撃しました。渡辺さんが、「自分はずいぶん現場に足を運んでいるけれども、こんな近くまで寄ってきて舞ったのは、はじめてのこと」と興奮ぎみに語られたのを覚えています。その後、ふたたび佐渡を訪れた際にも、吉井《よしい》地区の谷地田でトキを目撃しているのですが、このときは乗っていた車のなかから近距離で、一三羽が群れて舞っている姿を見ることができました。当時は、ようやく群れになっていましたが、島民でもめったに得られない貴重な体験でした。

そのときのトキとの出会いが、ＧＩＡＨＳ認定への強い意志を与えてくれたことはいうまでもありません。

トキは、いわゆる「朱鷺色」の羽根に眼のまわりの赤が映える美しい鳥で、古くから愛され、江戸時代には日本全土で生息していました。ところが農村では、農作物を踏み荒らす害鳥と見なされていたこともあり、一九〇〇年ごろからは肉や羽根を得る目的で乱獲され、絶滅寸前の状態に追いこまれたのです。一九三四年に国の天然記念物に指定されたころには、まだ一〇〇羽ほどが生息していたと推測されますが、懸命の保護活動にもかかわらず、生息数の減少に歯止めがかかりませんでした。このため、トキを人工繁殖させることになり、一九八一年に最後まで生息していた野生のトキ五羽が捕獲されました。

日本のトキは、里地里山に生息し、水田のドジョウや昆虫、ミミズ、カエルなどを餌《えさ》にしています。また、マツやコナラなどの枝に巣をつくり、餌場を見渡せるような高木の枝に止まって休息します。つまりトキは、水田が広がりその背後に里山がある里地里山を好んで生息するのです。自然と人工とが調和した場所を好んで生息する鳥、それが日本のトキです。

ところが、日本の農村環境は悪化の一途《いっと》をたどってきました。農家数の減少によって、共同で営まれてきた農道や農業用水などの管理が行きとどかなくなり、米の生産調整や米価の下落によって耕作放棄地が増えています。農薬や化学肥料を多用することで生産の効率化をはかるようになったために、トキの餌となる生物は減少し、森林の伐採や里山の手入れ不足によって、ねぐらとなる場所も失われていきました。

佐渡の農業が転換する決定的な契機となったのは、二〇〇四年に見舞われた水田農業の危機でした。この年の夏の台風によって農作物は甚大《じんだい》な被害を受け、佐渡産の米がほぼ出

水田とともに生きるのが、佐渡のトキである

荷できない状況にまで追いこまれてしまいます。しかも、その後の四年間にわたって、米が売れ残るという事態が続きました。耕作放棄地はさらに増加します。

二〇〇八年のトキ放鳥を控え、「ビオトープ」（トキが生息するための基本的環境。佐渡では、「通年湛水《たんすい》の非耕作田」）の整備だけは細々と進んでいましたが、トキの餌場としては、とても十分な環境とはいえませんでした。

そこで佐渡市では、トキの餌場づくりを島全体の課題とし、島で生産された米を新たなブランドとして売り出す戦略に打って出ることにしました。ただ生物や環境の保護を訴えるだけでなく、それをあえて生活者の利益に結びつけるという、逆転の発想でした。具体的には、トキの餌になるドジョウやミミズなどが水田やその周辺で生息できるように、地域全体で「生きものを育む農法」を導入し、環境保全型農業の普及に取り組みます。さらに、二〇一五年までに小佐渡東部地区に六〇羽のトキを定着させることを環境目標として設定しました。

前市長の髙野宏一郎さんが行なった、二〇一〇年六月一三日の宣言から引用してみましょう。

私たちはトキの野生復帰という国家プロジェクトに、産官学と市民の連携のもと、トキと人が共生できる島づくりを進めてまいりました。一度絶滅したトキがふたたび暮らせる環境を取り戻す試みは、人類が直面している生物多様性の危機に正面から向き合い、小さな命を育むことからトキという大型の鳥類を再生させる取り組みであり、全世界が注目する生態系再生への挑戦であります。これは豊かさを求める人間によって失われた自然を私たち人間の力で取り戻すことであり、人と自然が共存する豊かな島を作ることが、野生のトキが最後の生息地に選んだ佐渡の使命であります。

トキはこの地域の生態系の頂点に近い生物なので、それが生息できるということは、そのまま地域の生態系が豊かであることを意味します。したがって、トキの野生化を成功させることは、生態系の頂点を取り戻すという意味で、非常に象徴的な自然の再生事業なのです。しかし、それだけですと、「動物の生存が先か、それとも人間の生活が先か」という、お定まりの論争になってしまいかねません。

ここで特筆すべき点は、トキの野生化が、自然を再生するだけでなく、人間の暮らしにとっても有用であると位置づけたことでしょう。千枚田のような美しい景観や伝統芸能が残されていることもＧＩＡＨＳの要件としては重要ですが、「トキも人間も大切」という社会をつくるという方向を示したことが、その理念にかなっているのです。

生きものを育《はぐく》む四つの農法

佐渡には、弥生時代から一七〇〇年におよぶ稲作の歴史があります。佐渡の里地里山では、米をはじめ、野菜や果樹、畜産など多彩な農業が行なわれています。総世帯の三割以上が農業に従事しており、食料自給率（カロリーベース）は、一八七パーセントと高くなっています。たいへん豊かな島です。

江戸時代になると、幕府直轄《ちょっかつ》の天領《てんりょう》として統治されていましたが、「佐渡金銀山」が開発されたことによってゴールドラッシュが到来し、全国各地から多くの人が押し寄せ、島の人口は一〇万人にもなったといわれています。このため、需給が逼迫《ひっぱく》して米の価格が跳ね上がりました。

このことが、島の農業を発展させます。新田開発によって、島内の水田は大幅に増加しました。このとき、水田に水を引くために、ため池が一一〇〇カ所以上も造られています。結果として、有名な「小倉《おぐら》千枚田」など、中山間地域での開墾《かいこん》も行なわれ、佐渡島独特の美しい里地里山の景観を作り出すことになったのです。

現在は、水田の区画整理によって農業の大規模化が進む一方、依然として小規模農家も数多く残っています。集落単位で農道や農業用水を共同管理する組合を作り、地区内で助け合って農業を営む経営スタイルが引き継がれています。

佐渡市は、一足飛びにトキの野生化をめざすのではなく、その前段階として、昔ながらの水田の生きものが生息する環境づくりから始めようと考えました。その軸となるのが、「生きものを育む農法」です。それは、農薬や化学肥料の使用を半減し、新旧の手法を導入することで、理想の里地里山を構築する試みです。

新しく導入された手法は、「魚道《ぎょどう》」と「ビオトープ」です。「魚道」は、田んぼと用水路をつなぐ水の道で、水生生物が自由に出入りできるようになっています。また、生きものが一年を通して生息できる場所として、水田の隣に常時、水を張った状態の「ビオトープ」を設置し、魚道でつないでいます。

在来の農法では、「江《え》」と「冬みず田んぼ」が見直されることになりました。

江は、用水から水田に水を引く際に、あぜに沿って、田んぼのなかに設けられた水深二〇～三〇センチの水路のような水たまりのことです。ドジョウやカエルなど多様な水生生

佐渡のビオトープ

佐渡の「江」

物が生息し、かつてはトキの格好《かっこう》の餌場となっていました。佐渡では、米の品質を向上させるために夏季に二週間程度、水田から排水して乾かす「中干し」という農法が用いられてきましたが、この期間、江は水生生物の退避場所になります。つまり、水田に水のない期間にも、水場を残すことができます。

もうひとつは、冬みず田んぼです。なんとも愛らしく、親しみやすいネーミングではありませんか。これは、農業用水が十分でない地域で伝統的に用いられてきた技術です。秋から冬にかけて代掻《しろか》きを行ない、冬季の雪解け水を田んぼに溜めておいて、そのまま春の田植えをするというものです。代掻きとは、田植えの前に水を張り、土を砕いて平らにし、水田の水漏《も》れを防ぐ作業のことです。冬みず田んぼを設けることで、水生生物が越冬できるため、トキにとっては格好の冬季の餌場ができあがります。

これらの農法について、佐渡市は、国や新潟県、大学と連携してモニタリング調査を行なって、環境再生技術の効果を上げています。

佐渡の農林業について、ひとつ課題をあげるなら、それは山の活用です。生きた里地里山には、水田だけでなく、それを包む山や森林の管理が不可欠です。地域全体において、自然と人為のバランスが保たれていなくてはならないのです。佐渡の山は、人の手がほとんど入っていません。つまり、林地の活用ができていません。たとえば、木材や木工品、木質チップや炭、シイタケなどの生産活動の活性化が進めば、より完全な里地里山の景観が生まれるのだと思います。

行政の工夫がもたらした効果

佐渡市は、この農法によって生産された米の認証制度を設けました。それが、「朱鷺と暮らす郷づくり」です。認証米一キロあたり一円を佐渡市トキ環境整備基金に寄付することによって、活動を支援するしくみになっています。

ところが、島ぐるみの認証制度について、農協などは当初、かならずしも賛成ではなかったようです。市が熱心にリードする形で実現にこぎつけたと聞いています。

生産努力に労を惜《お》しまない農家と、どちらかといえば保守的な農家とのあいだに格差を作らないという考え方にも、一理がないわけではありません。しかしそれでは、もはや厳しい競争を勝ち抜けない時代になりました。

実際に農家や農業団体の人と交流しますと、諦観《ていかん》や否定的な状況から入る方が少なくありません。ＧＩＡＨＳの会議やワークショップなどで発言されるときでも、「私たちの地域には、以下のようなさまざまな問題がありまして」と始めるのです。しかし、GIAHSに認定されるためには、さまざまな問題があることは十分承知のうえで、問題を克服するにはどうしたらよいかと前向きに考える姿勢が大切です。どれだけ自分たちがユニークであるか、すぐれているかを精いっぱいアピールするのが、国際社会で認められるために必要なことです。

佐渡市の渡辺さんは、新しい制度づくりの前線でやってこられた人です。彼は、何についても「あれも面白い、これも面白い。こうやるといいかもしれない」と、前向きに考えることのできる人です。彼のようなタイプの役人が、地域のネガティブな思考をマインド・セットし、その地域の住民が誇りを取り戻せるよう工夫をこらしていることに、私は明るい日本の未来を感じました。

さて、「朱鷺と暮らす郷づくり」の米として認証されるためには、つぎの五つの条件を満たしていなくてはなりません。すべてやるとなると、なかなかたいへんです。

1、生きものを育む農法により栽培されたものであること
2、年二回の「生きもの調査」を実施していること

3、農薬・化学肥料を地域慣行にくらべて五割以上減らして栽培された米であること

4、栽培者がエコファーマー（新潟県が認証する、環境にやさしい農業を実践する農家）の認定を受けていること

5、佐渡で栽培された米であること

このなかで、とくにユニークなのが、「生きもの調査」でしょう。これは、水田周辺の生きものの生息状況について農家みずからが調査をするというもので、六月の第二日曜日と八月の第一日曜日が、調査の日と定められています。自分たちの田んぼの生態系を管理するところから、生産が始まるのです。生きもの調査については、小学生を対象にした「佐渡Ｋｉｄｓ生きもの調査隊」や、一般を対象にした「佐渡市市民環境大学」などのプロジェクトも実施されています。

このように佐渡では、農家や市民たちが生物学者のようなことをしています。その効果は、てきめんでした。絶滅危惧種も多く見つかり、「佐渡版レッドデータブック」を作成することになりました。また、新潟大学や東京農業大学、相模《さがみ》女子大学などとの連携を進めて、多くの研究者や学生が、佐渡にやってきました。トキの生態をはじめ、生きものを

【 基本編 】 朱鷺と暮らす郷づくり認証制度　生きもの調査野帳　6月

調査実施日	平成　25　年　　月　　日	調査時間	～
調査者住所	佐渡市	調査者氏名	
調査水田地番	佐渡市	調査人数	人 （グループ名　　　）
栽培体系	5割減減栽培、　8割減減栽培、　無無栽培 （いずれかに丸をつけてください）	育苗箱処理剤名	
実施技術	□ ふゆみずたんぼ　□ 魚道 □ 江の設置　□ ビオトープの併設 （実施している技術をチェックしてください）	除草剤名	
実施調査	□ 畦の調査（必須） □ 水田内の調査（必須） □ 江の調査 □ その他（　　　） （実施した調査をチェックしてください）	田んぼの健康診断 （実施は自由）	ポイント

※ **太文字が**、"わかりやすい種"です。
他にもわかった種がいたら記録しましょう。

	種名	チェック
カエル類	**おたまじゃくし**	
カエル類		
カエル類	**ツチガエル**	
カエル類	**サドガエル（新種）**	
カエル類	**ヤマアカガエル**	
カエル類	**モリアオガエル**	
カエル類	**ニホンアマガエル**	
カエル類	**アカハライモリ**	
カエル類	**クロサンショウウオ**	
カエル類	**ウシガエル**（特定外来生物）	
カエル類		
魚類	**ドジョウ**	
魚類	**メダカ**	
魚類	タモロコ	
魚類	モツゴ	
魚類	フナ	
魚類	コイ	
魚類	ナマズ	
魚類	タイリクバラタナゴ（要注意外来生物）	
魚類		
魚類		
は虫類	アオダイショウ	
は虫類	シマヘビ	
は虫類	マムシ	
は虫類	ヤマカガシ	
は虫類	カナヘビ	
は虫類	クサガメ	
は虫類	イシガメ	
は虫類		
は虫類		

	種名	チェック
カメムシ類	**水生カメムシ類**	
カメムシ類	**タイコウチ**	
カメムシ類	**ミズカマキリ**	
カメムシ類	**コオイムシ**	
カメムシ類	**マツモムシ**	
カメムシ類	コミズムシ類	
カメムシ類	**アメンボ類**	
カメムシ類		
カメムシ類	**陸生カメムシ類**	
カメムシ類	ホソハリカメムシ	
カメムシ類	オオトゲシラホシカメムシ	
カメムシ類	アカスジカスミカメ	
カメムシ類	アカヒゲホソミドリカスミカメ	
カメムシ類		
トンボ類	**幼虫（ヤゴ）**	
トンボ類	**イトトンボ類**	
トンボ類	**シオカラトンボ類**	
トンボ類	**アカネ類**	
トンボ類	**ギンヤンマ類**	
トンボ類	**オニヤンマ類**	
トンボ類		
トンボ類	**成虫（トンボ）**	
トンボ類	**オオイトトンボ・クロイトトンボ**	
トンボ類	**キイトトンボ**	
トンボ類	**シオカラトンボ類**	
トンボ類	**アカネ類**	
トンボ類	ナツアカネ	
トンボ類	アキアカネ	
トンボ類	ウスバキトンボ	
トンボ類	**ギンヤンマ類**	
トンボ類	**オニヤンマ類**	
トンボ類		

	種名	チェック
コウチュウ類	**水生コウチュウ類**	
コウチュウ類	**幼虫**	
コウチュウ類	ゲンゴロウ類	
コウチュウ類	ガムシ類	
コウチュウ類	ゴマフガムシ類	
コウチュウ類	コガシラミズムシ	
コウチュウ類	**成虫**	
コウチュウ類	**ヒメゲンゴロウ**	
コウチュウ類	ヘイケボタル	
コウチュウ類	**ガムシ**	
コウチュウ類	**コガムシ**	
コウチュウ類	ヒメガムシ	
コウチュウ類	**ゴマフガムシ類**	
コウチュウ類	シマゲンゴロウ	
コウチュウ類	クロゲンゴロウ	
コウチュウ類	**コガシラミズムシ**	
コウチュウ類		
コウチュウ類	**陸生コウチュウ類**	
コウチュウ類	イネドロオイムシ	
コウチュウ類	イネゾウムシ・イネミズゾウムシ	
コウチュウ類		
貝類・甲殻類	**カワニナ**	
貝類・甲殻類	**マルタニシ**	
貝類・甲殻類	**モノアラガイ**	
貝類・甲殻類	**サカマキガイ**（外来種）	
貝類・甲殻類	ドブシジミ類・マメシジミ類	
貝類・甲殻類	ヒラマキミズマイマイ類	
貝類・甲殻類	**ミズムシ**	
貝類・甲殻類	スジエビ	
貝類・甲殻類	ヨコエビ	
貝類・甲殻類	**アメリカザリガニ**（要注意外来生物）	

佐渡の「生きもの調査」に用いられる書きこみシート（一部）。
水田や江で見た生きものをチェックする

育む農法や認証制度の効果などをテーマに研究し、現地との交流を深めています。

市長によるトップセールスや首都圏でのイベントなどのPR効果も加わって、それまでコメが余っていた地域でも、足りなくなるくらいにまで需要が引き起こされ、地域の産業として稲作が復活してきたわけです。コメ農家の生産意欲も高まり、二〇一二年度には、認証制度に参加する農家数が六八四戸、面積一三六七ヘクタールに拡大し、佐渡の作付面積の二五パーセントに達しています。

こうしたGIAHS認定を契機とした佐渡の農業に対する積極的な取り組みは、市政が高野さんから甲斐元也《かいもとなり》さんにバトンタッチされてからも、さらに発展しています。平成二四年度からは、「GIAHSの棚田と里山ツアー」が始まりました。このツアーでは、佐渡産一〇〇パーセントの「里山弁当」が用意されています。また、観光協会と農家が提携し、五七戸の農家で体験型の民泊が行なわれています。さらに、大学と連携して、そこの学生に農家に民泊してもらい、農家生活を体験しながら、ボランティアとして農作業に従事してもらうというプログラムも始まっています。

佐渡のケースは、きわめてGIAHSらしい取り組みだといえるのではないでしょうか。

佐渡の豊かな農文化

ＧＩＡＨＳでは、農業に関する伝統文化も、重要な認定の基準とされます。すなわち、「農文化」です。佐渡の農文化は、ほかの地域とくらべても、たいへん豊かなものです。

農業に関連した伝統文化としては、まず国の重要無形文化財に指定されている「車田《くるまた》植《うえ》」があります。三人の早乙女《さおとめ》が、田んぼの中央から後ずさりしながら、車のように「の」の字に苗を植えていく伝統的な田植えの方法で、田植えの最後に行なわれる習わしだということです。

また、豊作を祈願する神事《しんじ》も残されています。車田植の要領で田起こしから田植えまでの作業を演じる白山《はくさん》神社（大久保《おおくぼ》）の「田遊《たあそ》び神事」や、五所《ごしょ》神社（下川茂《しもかわも》）の「御田植《おたうえ》神事」などがあります。

御田植神事は、毎年二月六日に行なわれ、神前に奉納される田植えの所作は、氏子《うじこ》である特定の農家で代々、長男のみに世襲で伝えられます。

そして、よく知られたものに、「鬼太鼓《おんでこ》」があります。色鮮やかな装束《しょうぞく》を身にまとい、鬼に扮《ふん》した人が、太鼓を打ちながら舞います。始まりは江戸時代にさかのぼり、一〇〇を超える保存会が活動していますが、これも、その年の豊作や大漁、家内安全などを祈る芸能でした。田植え前の春祭りや豊作に感謝する秋祭りなどで披露されます。

このほか、佐渡の農村では、「能」がさかんに行なわれています。これは、ユネスコの世界無形文化遺産にも登録されているものです。

室町時代初期の著名な猿楽師《さるがくし》、世阿弥《ぜあみ》の流刑先となったのが佐渡でした。この地で能がさかんになったのは、江戸時代になってからのことですが、そういった古い歴史も影響しているに違いありません。直接的な源流は、金山での作業の安全を祈る芸能として演じられたこととされています。

その後は、農家が五穀豊穣《ごこくほうじょう》を祈り、神社へ奉納する芸能として発展し、島内の各地に能舞台が建てられるようになりました。三六の能舞台が現存し、その数は全国にある能舞台の三分の一にあたるといわれています。このうち、八つの舞台が新潟県の有形民俗文化財に、四つの舞台が佐渡市の有形文化財に指定されています。

いくつかの舞台では、いまも能が演じられ、プロの能楽師ではなく農家や市民が演じ手となっているのが特徴です。農村歌舞伎というものは全国的に分布していますが、農村の能はたいへん希少だと思います。

このような、さまざまな農文化が、佐渡の農業への誇りを支えているのです。

能登の里山と里海

佐渡地域ともうひとつ、日本ではじめてGIAHS認定されたのが、**能登の里山里海**です。対象は、石川県北部、日本海に突き出している能登半島全域におよび、七尾市、羽咋《はくい》市、珠洲《すず》市、輪島《わじま》市、能登町《のとちょう》、穴水町《あなみずまち》など、四市五町がふくまれています。

この地域は、佐渡ほどではありませんが、第一次産業人口の多いところです。二〇一〇年度の調査によると、とくに珠洲市や輪島市などの奥能登地域で多く、全人口の一四パーセント以上が農林水産業に直接従事しています。これに、加工・流通・販売など周辺産業を加えると、たいへん多くの人が、里地里山と里海に関わっているわけです。農林水産業の比率は、石川県全体で約三・一パーセントにすぎませんから、いかに大きな依存であるかがわかるでしょう。

しかし、その奥能登地域の人口減少は深刻で、ピークだった一九五〇年とくらべて、その人口は半分以下に落ちこんでいます。大正期よりもずっと少ないのです。これは、同じ期間の都市の発展とくらべると、驚くべきことではないでしょうか。

農業従事者の人口もどんどん減っていますが、能登地域の大部分は、山地や丘陵からなります。こんなところで、大規模農業をめざしたら、どんな結果になるかは、火を見るより明らかでしょう。

また、これだけ世界で大規模農業が普及していても、いぜんとして世界の農業生産の約七割は、小規模農家によるものといわれています。これをむりやり大規模化するよりも、小規模のまま、いかに魅力的な農業を行なえるか、その方法を考えるほうが建設的なのではないかと思います。能登や佐渡は、まさにそんな土地なのです。

能登地域は、まわりを海に囲まれていることから、里地里山と里海とが密接につながっているのが特徴です。里地里山については、第三章でくわしくお話ししますが、人々が集落をつくって農業を営んでいる「里地」と、その周辺の林地や丘陵などの「里山」を一体として表現した言葉です。

また、その海を里山になぞらえて「里海」と表現しています。つまり里海は、海辺の集落に近く、そこに住む人々が漁業に利用するために維持・管理している海のことです。

能登の里地里山では、水稲を中心に大豆や野菜など、さまざまな品目が栽培され、里海では、一般的に半農半漁のスタイルが主流になっています。能登地域での稲作は二千年以上前にさかのぼるとされ、長い歴史のなかで、ユネスコの無形文化遺産にも登録されている「あえのこと」など、農業にまつわる伝統や文化がつちかわれてきました。いっぽう、漁業文化も豊かです。

通常、里地里山といえば、独立した「谷地田《やちだ》」が点在している姿を思い浮かべます。しかし能登では、それが連続的かつモザイク状に連なって「緑の回廊」を形成し、その半島特有の山がちな地形から、里地里山と里海までが一体となって豊かな生物多様性を生み出しています。ですから、ここの里地里山は、陸路だけでなく、古くから海路によっても結ばれていました。むしろこちらのほうが主流であったといえるかもしれません。

このように、伝統・文化と生物多様性の双方が維持され、持続的な農林漁業が全体的に残されている点が高く評価され、GIAHSに認定されたのです。

それに先行して二〇一〇年に開かれた「COP10《コップ・テン》」（生物多様性条約第十回締約国会議）では、国連大学と環境省の主導で、「SATOYAMAイニシアティブ」に賛同する世界中の団体からなる国際パートナーシップを設立しました。このSATOYAMAイニシアティブについても第三章で改めて述べますが、簡単にいえば、日本の里地里山や里海のような伝統的な農林水産業のシステムの再生を世界的なスケールで試みようとする活動です。人間と自然とが共生するという理念のもとで、現地での活動や人材育成を支援していくことになりました。

こうした活動を進めていくうえでカギとなるのは、やはり地域のトップである知事のリーダーシップです。そのとき、熱心に参加してくれた知事のひとりが、石川県の谷本さんでした。それ以来、谷本さんとは情報交換をふくめた密接な連携が続いており、能登地域のGIAHS認定や、能登での国際会議の実現に結びついていきました。

日本初のGIAHSサイトとしてどこがふさわしいか調査していたころ、私は、谷本さんたちから入手していた情報をもとに、佐渡と能登とをひとつのセットにして提案するのがよいのではないかと考えていました。といいますのも、どちらの地域も、トキが暮らす里地里山がよみがえることを目標にしていたからです。

それだけでなく、能登と佐渡は歴史的にも非常につながりのある地域で、海路による交流は古くから行なわれていました。たとえば、佐渡で使われている瓦《かわら》は能登で焼かれているそうです。一九七〇年代には、少しの期間でしたが、珠洲市と佐渡とを結ぶ定期船が運行されていました。

結果は、別個のサイトとしてあつかわれることになりましたが、能登と佐渡の里地里山は、海によって分かちがたく結びついていたのです。

能登の伝統的漁法

能登地域の漁港には、定置網漁業などによるブリやイカ、カニなどの魚介類のほか、養殖されたナマコやカキが水揚げされています。こうした定番の漁業だけでなく、海女《あま》漁をはじめ、岩ノリ漁やイサザ漁なども行なわれています。

輪島市の北、約五〇キロの海上に浮かぶ舳倉島《へぐらじま》では、伝統の「海女漁」が行なわれています。アワビやサザエを素潜《すもぐ》りで採《と》るほか、夏場には寒天の原料となるエゴ（海草）採り、冬場には岩ノリ採りやカキの養殖などを行なっています。

現在、舳倉島には十代から七十代まで約二〇〇人の海女がいますが、彼女たちは、漁業だけで生計を立て、いわゆる観光向けのデモンストレーションとは一線を画しています。また、アワビやサザエの乱獲を防ぐために、漁期や禁漁区などについて話し合いで決定するほか、それらの餌となるカジメなどの海草の保全活動も行なっています。また島内には、自動車は救急用の二台しかありません。交通手段として自動車を使わないことも話し合いで取り決めているためです。

この舳倉島の海女文化について研究していたのが、上智大学のあん・まくどなるどさん（カナダ人）です。彼女はそのころ、国連大学高等研究所いしかわ・かなざわオペレーティング・ユニットの所長をしていました。まだ若いときに日本にやってきて、自分で車を運転して日本じゅうの漁村を回り、調査を続けてきたユニークな研究者です。舳倉島の海女や能登の里海についても、現地にずいぶん通ってフィールドワークをしていました。その研究成果は、世界で高く評価されており、いまも継続中です。

能登半島の穴水町では、伝統漁法である「イサザ漁」が行なわれています。イサザというのはシロウオのことで、川で生まれて海で成長し、ふたたび川に戻って産卵する習性を持っています。イサザ漁は、三月から四月にかけて川を上ってくる時期、川に「ほうちょう」と呼ばれる四つ手網《であみ》を沈め、シロウオが入るのを待って捕獲するという漁法です。

穴水町には、やはり古い伝統漁法である「ボラ待ち櫓《やぐら》」が残されています。これは、海上に建てた櫓の上から回遊するボラの群れを発見し、仕かけた網を手繰《たぐ》って獲《と》る漁法で、最盛期には、その櫓が四〇基を数えたといいます。

明治時代に当地を訪れた天文学者のパーシバル・ローエルは、著書『能登』のなかで、ボラ待ち櫓のことを「怪鳥ロックの巣のようだ」と記しています。

また、能登の製塩業は、「揚げ浜式製塩」という伝統的な手法で営まれています。江戸時代以前からある古い技術で、江戸時代には、すでに加賀藩の重要産業として専売制が敷

能登のボラ待ち櫓。独特の造形が美しい

能登の白米千枚田。海のすぐ近くにある

かれていました。二〇〇八年には、国の重要無形民俗文化財に指定されました。

桶《おけ》で海水を汲《く》んで砂を敷き詰めた塩田《えんでん》に撒《ま》き、天日《てんぴ》で乾燥させます。塩分を多くふくんだ砂を集めて、さらに海水をかけ、濃度を増していき、最後は釜で煮詰めて塩の結晶を取り出すという方法です。釜焚きの燃料となる薪《たきぎ》は、周辺の里山から切り出した間伐材《かんばつ》などが用いられ、まさに里山と里海とをつなぐ生業《なりわい》といえるものです。

かつては能登地域のあちこちに塩田が見られました。しかし、政府の専売制度によって、いっときは一軒のみになってしまいました。その後、製塩が解禁されたのにともない、いまでは一八社の製塩業を数え、うち四社が揚げ浜式製塩の技術を採用しているそうです。

農業の多様なバックボーン

能登地域は、現在もコシヒカリを中心としたコメの産地で、「能登棚田米」や「神子原《みこはら》米」などのブランド米を産出しています。神子原米は、人工衛星を使った品質管理やローマ法王への献上で話題となり、ブランド化に成功しました。

コメにかぎらず、農作物のブランド化は、およそ農業に従事する人たちの目標となります。結果として高い価格をつけるだけでなく、土地の特産として全国の消費者に認知してもらうことの価値は、はかり知ることができません。つまりブランド化は、その土地で誇りをもって生産されることの意味を表現しているのです。「ほかの土地と同じものが大量生産されているわけではない」「どこで生産されたかわからないようなものではない」という価値が、認められています。これは、GIAHSの理念とも合致します。

そこで地域をあげて、生産から加工・販売までを総合的に行なう六次産業化に取り組むことになります。「能登大納言《だいなごん》」や「大浜《おおはま》大豆」などの豆類や、「中島菜《なかじまな》」「沢野《さわの》ゴボウ」「金糸瓜《きんしうり》」など、一三種類の能登野菜がブランド化されているほか、ワイン用のブドウやクリの栽培や、肉牛や豚などの肥育も行なわれ、きわめて多種多彩な作物が栽培されています。

この地の米づくりの歴史は、約二一〇〇年前にまでさかのぼります。縄文時代や弥生時代の遺跡が多数発掘されていますが、なかでも中能登町《なかのとまち》の「杉谷《すぎたに》チャノバタケ遺跡」からは、日本最古の「おにぎりの化石」が出土しています。この遺跡は、弥生時代中期（紀元前二〇〇〜三〇年）に栄えたものと見られています。

そして一三〇〇年前、平安時代に荘園が開かれて以来、能登地域の農業は、より特徴的なものとなりました。傾斜地での稲作の拡大をはかるために、千枚田や棚田が造られてきました。そのなかには、輪島市にある「白米千枚田《しろよね》」や志賀町《しかまち》にある「大笹波水田《おおささなみすいでん》」など、国の棚田百選に選ばれた美しい景観もあります。その棚田で目につくのが、「はざ干し」の光景です。田んぼの脇に、はざ木と呼ばれる木の枠組みを設け、稲束をかけて天日で乾燥させる昔ながらの技術です。これが、さながら黄金《こがね》色の衝立《ついたて》のように見えます。

白米千枚田は、能登にある里地里山の美の象徴としてよく引き合いに出される場所で、全国的に見ても美しく管理されている棚田のひとつです。また、日本海に面していることから、「海沿いの棚田」という珍しい景観が得られ、まさに里地里山と里海とが一体となっていることを実感できる場所です。

ただ、こういった棚田の風景は美しいのですが、一枚当たりの田んぼはたいへん狭いものです。また形もまばらであるため、いわゆる作業効率が悪く、なかなか採算はとれません。このため、都市住民に一定の費用を負担してもらいながら、農業体験や交流を行なう「棚田オーナー制度」を導入し、維持にあてているところもあります。

伝統的農法と景観の美しさは、現代的な効率性とは、なかなかなじまないものです。農作物をただ生産して売るだけの農業では、もはや成り立たなくなっています。「そんなものが農業なのか」という方がいるかもしれません。しかし、毎日の飢餓の危機から抜け出すための農業があれば、ただお腹をふくらませるだけでは満足しない人たちに向けられる農業もあります。

現代農業は日々多様化しています。その形態のバリエーションとして、伝統的農法があり、ブランド化された農作物があり、生物多様性の広がりがあり、農業が営まれる景観があり、農文化があります。道の駅などで提供される、アトラクション的な農業との出会いも、それにふくまれるでしょう。

私は、こういった農業にまつわるさまざまな形態を外部の人たちに提供することが、農業の六次産業化といわれるものの実態ではないかと思っています。日本のような先進国のなかにあるＧＩＡＨＳサイトは、その最前線の実験場というべきものです。

能登地域はひと昔前まで、炭焼きがさかんなところでした。自給用だけでなく販売もしていたそうですが、現在炭焼きを専業として営んでいる農家は、珠洲市の大野長一郎《おおのちょういちろう》さんひとりだけです。「薪炭林《しんたんりん》」は、薪《たきぎ》や炭をとるための専用の林地のことで、一〇～一五年に一回、伐採してやらなくてはなりません。すると、伐採した株から「萌芽更新《ほうがこうしん》」といって新しい芽が出て、また大きな樹木に生長していきます。炭焼きの原料は通常、萌芽更新したコナラやウバメガシ、アラカシなどですが、大野さんは、生産する炭に付加価値をつけるため、クヌギを植林しています。クヌギの場合、焼いて断面を切ったときに菊の形になる「菊炭《きくずみ》」ができるため、高く取引されるのです。

また、里山にはアテ（ヒノキアスナロ）が植林され、そのアテの葉が日本料理のツマとして出荷されているほか、フキやワラビ、タラの芽《め》などの山菜、マツタケ、ナメコなどの「コケ」（キノコのこと）が採集され、市場に出されています。

能登は、生物多様性のある土地でもあります。絶滅危惧種であるオジロワシやオオタカなど、生態系の頂点に位置する猛禽《もうきん》類が生息しています。国の天然記念物に指定されているオオヒシクイやコハクチョウなどの水鳥も飛来するため、地元の農家は冬季に水田に水を張り、餌場を確保するための取り組みを行なっています。農業に使う水源として約二千カ所におよぶため池や農業用水路がありますが、ここでは、やはり絶滅危惧種であるトミヨやシャープゲンゴロウモドキ、この地域にしか見られないホクリクサンショウウオなど珍しい生きものも生息しています。

さらに、一三〇〇年におよぶ長い農業の歴史のなかで、それに関連する伝統行事が数多く残されることになりました。農文化の存在です。

「あえのこと」は、奥能登の二市二町の農家において、いまも続けられている農耕儀礼であり、二〇〇九年にユネスコの世界無形文化遺産に登録されました。ここの農家の主人は、暮れの十二月に田の神様を家に招き入れると、収穫に感謝し、ご馳走《ちそう》をふるまったり風呂を勧めたりしてもてなします。年が明けた二月には、今度は豊作を祈願して田の神様を丁重に田んぼに送り出すのです。

また、七尾市以北の三市三町の集落では、夏から秋にかけ、豊作や豊漁を祈願する「キリコ祭り」が行なわれます。キリコは切籠《きりこ》であり、手づくりの大きな奉燈《ほうとう》のことです。夜の闇にその明かりが鮮やかに浮かび上がる、華やかな祭りです。日本三大火祭りのひとつである、七尾市能登島《のとじま》の「向田《むこうだ》の火祭り」も、その形態のひとつとされています。

このように多様なバックボーンをもっていることが、能登地域の農業の豊かさと広がりを生み出しているのではないでしょうか。

もっと農村を見てもらう

能登町には、「春蘭《しゅんらん》の里」という農業体験ができる農家民宿が五〇軒ほどあります。シュンランとは、里山に自生し、そのシンボルともいえる植物で、この周辺の里山でも見る

珠洲市の大野さんが生産する「菊炭」

里地里山にある農家民宿の集合が、春蘭の里である

春蘭の里では、農業体験もできる

ことができます。

春蘭の里は、グリーンツーリズム促進特区の認定を受けて開設されたもので、地元出身の多田喜一郎《ただきいちろう》さんら有志による「能登春蘭の里実行委員会」が、都市部の小学生の農業体験ツアーの受け入れや、農家にホームステイする農村体験プランなどをコーディネートしています。また、里山を適切に管理することで自然環境を保全し、里山で採れたキノコや山菜などを使った料理を提供するなど、地域振興に取り組んでいます。

能登の世界農業遺産国際会議の際には、FAOのシルバ事務局長をここに案内したのですが、彼もたいへん気に入っている様子でした。日本人ならずとも、囲炉裏端《いろりばた》に座ると何か心がホッとして落ち着く感じがします。ここでは、バスでやってくる大阪の子供たちに田植えや稲刈りを体験させるプログラムもあり、子供たちは、刈り取った稲穂を脱穀して家に持ち帰るということでした。

ここは、農業をベースにして人を呼ぼうとしている点がユニークだと思います。地域を再生していくひとつの手がかりとしてグリーンツーリズムは有効ですが、観光が目的化してしまっては本末転倒になってしまいます。まず地域にしっかりと根づいた農業や文化が存在しており、それが観光客を呼ぶもとになるべきであって、その逆ではダメなのです。

ヨーロッパでも、日本のコメのように生産過剰の農産物について生産調整を行なっていますが、たとえば、ドイツの畜産業の場合、畜産農家に家畜の頭数を減らす代わりに、政府が「直接所得補塡《ほてん》」として、農家を援助するしくみを導入しています。農家はそれで得たお金を使って、環境の維持やグリーンツーリズムの振興を進めているわけです。ドイツには、「農家で休暇を」(Urlaub auf dem Bauernhof) といって、その名のとおり農家で休暇を過ごして農業体験をする運動があり、私も実際に体験したことがあります。

環境維持の事例としては、川沿いの土地を牧場として整地せずに、草地のままに残すケースがあります。畜産で大きな問題となるのは、牛や豚などの糞尿が川や水源を汚染することですが、川沿いに草地の帯を設ければ、それが一種のバッファー(緩衝帯)になります。川の汚染を防ぐことができるだけでなく、草地に生息する生物が増えることにもつながります。

また、家畜の頭数が減ることで、大きな畜舎の空きができます。そこを改造して民宿にするケースもありました。ドイツは日本と違って休暇が長期にわたるため、この期間、子供を連れて家族で逗留《とうりゅう》するのです。

古い友人でもある国立科学博物館の林《はやし》良博《よしひろ》さんは、家畜と触れ合うことで子供の心を健全に育てるアニマル・セラピーの効果について教えてくれました。春蘭の里は、家畜こそいませんが、林に入って山菜を採取したり、田植えを手伝ったりしながら農村に滞在することで、子供たちの情操教育におおいに役立つと考えています。

もっと本格的な農村体験もあります。羽咋市の「烏帽子親《よぼしおや》」制度は、たいへんユニークです。この地域には、擬制《ぎせい》的な親子関係を結ぶ伝統的な習わしが残っていますが、それを真似て、都市の住民を烏帽子子《よぼしこ》として受け入れ、農家への住みこみで農作業を体験してもらうという制度です。また、金沢大学が珠洲市で開いている「能登半島里山里海自然学校」では、就農をめざす若い人たちを能登に呼びこんでいます。

農村では、いかにして都市の住民に目を向けてもらうかが、重要なテーマです。「できた農作物を流通に渡せば、自分たちの仕事はもうおしまい」と考えていては、農業の未来を展望することは難しいでしょう。都市の住民は、消費者であるだけでなく、観光客であり、農家予備軍であり、理解者であり、情報提供者であり、監視者でもあるのです。

農家が、都市の住民から見られる環境を作り、見られることに適応していかなくてはなりません。新潟県南魚沼《みなみうおぬま》産のコシヒカリや、神戸牛などといった著名な産品ともなりますと、つねに何百万、何千万人といった都市の住民の視線にさらされています。この緊張関係が、いっそうその産業を成長させます。そして、多くの付帯する価値を生み出します。ただ、目先の売り上げにとらわれることなく、トータルな産業の成長も考えなくてはなりません。

近ごろ現地を訪ねて驚いたのは、能登有料道路が「のと里山海道《さとやまかいどう》」と名づけられ、無料化されていたことです。道路の無料化のために石川県は約一三五億円もの債権を放棄したようですが、**能登の里山里海**がGIAHS認定されたのを機《き》に、一新したわけです。谷本さんはそれでも、「無料化で、都会の人たちにもっと気軽に能登へ来てもらえるようになる」と話しておられました。

また、この地域にとって、能登空港と東京とを結ぶ一日二便のフライトを維持することが不可欠です。空の便を存続できれば、遠隔地や海外からの観光客を呼びこむことも可能となります。人里離れた農村地域だからといって、地域じたいを閉じられたものにするのではなく、道路や空港などのインフラを活かし、広く門戸を開いていく必要があると思います。

その際、どこにでもあるような場所であれば、時間と費用をかけて、わざわざ能登まで来る意味がありません。遠来の旅行者に来てもらうためには、より特別な、よりローカルな魅力が必要になります。そう考えると、たとえば、能登の伝統野菜や地元産のコメや魚を用いた地方料理の提供など、いままで以上に特徴を鮮明に出して行くことが重要になってきます。そんな取り組みを進めるうえでも、ＧＩＡＨＳという、新たなブランドが上手に活用されることを期待しています。

阿蘇というところ

ここからは、日本国内に新しく生まれたＧＩＡＨＳサイトについて見ていきましょう。序章でもふれた**阿蘇の草原の維持と持続的農業**から始めたいと思います。対象となったのは、熊本県北東部に広がる阿蘇地域で、阿蘇市や小国町《おぐにまち》、西原村《にしはら》など七市町村からなります。

阿蘇地域は、ＧＩＡＨＳ申請書などによると、活火山の阿蘇五岳を外輪山《がいりんざん》が取り囲み、東西一八キロ、南北二五キロにおよぶ世界最大クラスのカルデラ（火山活動によってできた大きな窪《くぼ》み）を形成しています。カルデラには、絶滅危惧種をふくむ約一六〇〇種類の植物や、約二五〇種類の鳥や昆虫が生息し、豊かな生物多様性を残しています。その地学的・生物学的希少性から、阿蘇くじゅう国立公園に指定され、日本ジオパークにも認定されています。

今回、GIAHSに認定されたのは、そのカルデラ周辺に広がる一千平方キロメートルあまりの地域で、総人口は、二〇一二年九月現在で約六万七千人、このうち基幹的農業従事者数は約五七〇〇人です。風光明媚《ふうこうめいび》の地として、年間約一七〇〇万人もの観光客が訪れる一大観光地になっています。

ところが、その観光地としての圧倒的な知名度とは裏腹に、ここの農業はほとんどといって全国的に知られていません。熊本市の住民でもある、イタリアン・レストランのシェフ、宮本健真さんが一念発起《いちねんほっき》して立ち上がり、その結果、申請からGIAHSの認定にいたった経緯は、序章でお話ししたとおりです。

宮本さんの動機は、「地元の農作物を自分の店で使いたい」ということでした。しかし、こんな簡単に思えることが簡単ではないのが、日本の流通でした。彼は、日本の農業というものの実態を知り、そこから脱却する方法を彼なりに模索したことになります。

答えは、シンプルでした。それは、農作物が私たちの口に運ばれるまでの過程を人任せにしない、ということです。

その考え方は、「(農作物は、)ブランド化などで付加価値を生み出す必要があります。それを都市の住民が応援すれば、地域が盛り上がるでしょう」という、宮本さんの言葉のなかに集約されています。彼は、自分のような都市の住民が地元の農業に関心をもつことで、農家のモチベーションは高まり、農業発展の原動力になると考えました。その有効な道具のひとつが、GIAHSの認定でした。

失われる草地《そうち》と野の景観

阿蘇の山容のすばらしさもさることながら、これを農業的な視点から見たとき、高い価値が認められるものは、その広大な草原です。それは、一千年以上前から放牧地として利用され、明治時代以降は「あか牛」と呼ばれる特産の肉用牛が飼育されてきました。刈り取った草は、牛馬の飼料や厩舎《きゅうしゃ》の敷き草となるだけでなく、田畑の堆肥としても利用され、在来の阿蘇野菜が栽培されています。

草原の管理は、約一六〇ある「牧野組合《ぼくやくみあい》」が行なってきました。集落ごとに「入会地《いりあいち》」が定められ、入会権を持つ約九二〇〇の農家が共同で、野焼きや牛の放牧、採草などの作業を欠かしませんでした。こうした農耕にまつわる伝統文化として、「火振《ひふ》り神事」などの儀礼が継承されています。

つまり、ここの草原は古来、放牧地であり、採草地として維持されてきたのです。一〇世紀の文書に「牧」と記されていることから、このころより、すでに馬の放牧が行なわれていたことがわかります。もちろん放牧されていた牛馬は、食用ではなく、それを使って田畑を耕作したり、古くは軍馬として利用したりするためのものでした。

阿蘇の草原のような広大なものばかりではなく、一面に草が生えた土地のことを、ちょっと専門的な用語で「草地《そうち》」といいます。

一九〇〇年代初頭まで、日本の国土の約一三パーセントは、この草地でした。一八八〇年代の記録では、国土の約三割にあたる草地が利用されていたそうです。このように人の手が入った草地のことを「二次草地」といいます。しかし、戦後になって放置され、また開発の対象地となることで、草地の景観は激減します。ちなみに、開発の途中で放り出されて、草ぼうぼうになった土地も、二次草地に分類されます。現在は、そうした草地をふくめても、国土の三・六パーセントにまで落ちこんでいます。

日本は世界に冠たる森林大国です。国土の六七・三パーセントが森林ですから、「もう自然は十分にあるじゃないか。なぜちっぽけな草地なんかを気にするのか」と思われるかもしれません。

最近のニュースでは、一九七〇年代の千葉ニュータウンの造成が中断され、そのまま放り出されていた一角がありました。いわゆる荒れ地なのですが、調査してみると、八三〇種以上の生きものが生息しており、うち一〇九種が絶滅危惧種でした。これはもう立派な自然です。「奇跡の原っぱ」といわれて、保護運動が行なわれているそうです。

しかし現代日本人は、人間の居住地と、かろうじて森林だけを認め、その代償として、かつてはいたるところにあった草地と湿原を消失させてきました。海岸では、干潟《ひがた》を埋め立て、コンクリートの護岸で固めてきました。草地が、非効率な土地利用の代名詞として開拓され、「効率的」な農地や居住地へと転換されていくのも、時代の流れだったのでしょう。そして、草地と湿原にあった生物多様性や、そこにまつわる私たちの文化の連続性も、喪失しようとしています。

草地は、里地里山の重要な景観のひとつです。もはやノスタルジックな表現となりつつある野山の「野」は、この草地のことです。野が失われているのに、田畑と森林だけを美しく保ったところで、伝統的な景観を維持したことにはなりません。

最古の歌集、『万葉集』にも、野を題材に詠《よ》んだ歌が多く見られます。草地の景観と、そこに育つ草花の風情は、長く日本人の心に響いてきました。

春の野に　すみれつみにと　来《こ》しわれぞ
野をなつかしみ　ひと夜寝にける

巻八　山部赤人《やまべのあかひと》

あかねさす　紫《むらさき》野《の》行き　標野《しめの》行き
野守《のもり》は見ずや　君が袖《そで》ふる

巻一　額田王《ぬかたのおおきみ》

中尾佐助《なかおさすけ》さんの『花と木の文化史』によると、『万葉集』には一六六種類もの植物が登場するそうです。この数は聖書より多く、世界の古典のなかでもいちばん多いということです。登場回数で見ると、ハギがもっとも多く一三八回、二位のウメが一一八回、三位のマツが八一回となっています。ウメとマツとを抑《おさ》えて最多登場するハギは、二次林に生息する灌木《かんぼく》です。日本の二次林はまた、ササユリやヤマブキなど美しい花の宝庫であると、中尾さんは記しておられます。山部赤人は、そのような野に行き、スミレを摘《つ》みにいく行為を詠んでいます。

こういった世界は、もはや文学と遠い記憶のなかに存在するだけなのでしょうか。都市に住む子供たちは、野に咲いているハギやユリ、スミレを見ることなく、一生を送るのでしょうか。とても残念でなりません。

阿蘇の草原の価値

昔ながらの草地や野の景観は、もはや「絶滅危惧景観」と化しているわけです。そうしたなかで、阿蘇地域は例外的に広大な草原が残った点が尊重されます。そして驚くべきことに、日本に残された二次草地の約半分がこの阿蘇に集中しています。

つまり、この地域の先人たちが、人為的に手を入れることで、貴重な景観を守ってきました。何度もいいますように、「手つかずの自然」の景観こそが最上と考える人は多いのですが、「細やかに人の手の入った自然」もまた、最良の策です。手つかずの自然は、自然そのものが生みだしてきたものですが、手の入った自然は、自然と人間が協働し、長い時間をかけて築きあげてきたものです。

阿蘇ＧＩＡＨＳサイトの最大の特徴は、「人の手」が入ることによって、草地のもつ生物多様性や美しい景観が形成されてきたことでしょう。阿蘇の草原の維持のために続けられてきたのが、「野焼き」の習慣です。

野焼きは、雪が溶ける毎年二月後半から四月にかけて行なわれます。草原をいったん焼きはらうことで草木が生い茂るのを防ぎ、牛を放牧できる状態を維持する作業です。これによって、ダニなどの寄生動物や病原菌を駆除し、新芽の出がよくなる効果が認められ、草木の生存能力も高まります。森林を焼きはらって自然を破壊し、畑に転換するような方法とは根本的な点が異なります。

火を放つ前に、対象外の草原や林地まで延焼するのを避けるための「輪地切り《わちぎ》」が行なわれます。防火帯として幅五〜一〇メートルの帯状に草を刈ります。その総延長は、阿蘇全体で約五三〇キロメートルにもおよぶということです。草を刈った数日後にその草を焼き払う「輪地焼き」も行なわれます。これは、たいへんな作業量です。

その結果、阿蘇の草原は、いわゆる草原生植物の宝庫です。九州がユーラシア大陸や四国、本州と陸続きであったことを示す、キスミレやマツモトセンノウなどの植物が見られるほか、ハナシノブやケルリソウ、ツクシフウロなど、日本では阿蘇にしか生息していない植物も数多く存在します。また、絶滅危惧種であるヒゴシオン、ヒゴタイやヤツシロソウなども生息しています。

氷河時代、日本列島は総じて寒冷で、草原に近い環境が多かったのですが、その後の温暖化にともなって植生が変化し、森林が主体になっていきます。そのなかで、阿蘇地域では、野焼きや採草などの「人の手」によって草原の生態系が維持されてきたわけです。展望台から眺めた広大な阿蘇の草原を評して、「神々がこしらえた大自然の絶景」などと表現されていますが、野焼きがなければ、この一帯も森林になっていたのだと思います。

一九五〇年代まで、阿蘇の草原は、農耕用の牛馬に餌を与える採草地として用いられましたが、それは、入会地として集落ごとに管理されていました。こうして、草を刈る解禁日を定めた「口開け」や、草刈り場を割り当てる「野分け」などのルールが決められます。地域の農家は公平に草地を利用できるようになり、それと同時に、無計画な利用による資源の枯渇《こかつ》に注意をはらうことができました。秋になると、冬場の牛馬の餌を貯蔵するための「干し草刈り」が行なわれ、一〜二日間、天日に干した刈り草は、「草小積《こづ》み」と呼ばれる形に積み上げられて保存されました。

ところが、農耕用機械が普及し、牛馬に取って代わると、草の必要はなくなります。阿蘇の草原は、牛馬の餌の供給地としての役割を失い、集落と草原とを結ぶ「草の道」も使

阿蘇の野焼き

阿蘇の草原で育てられる「あか牛」

われなくなりました。ちなみに、阿蘇の草原には、等高線のように縞《しま》模様ができている場所がありますが、これは「牛道《うしみち》」といって、牛が草を食べながら歩いた道の跡です。

かつては、草地の資源を確保するために夏場は放牧を休んでいました。しかし、いまや野焼きがすんだ五月から霜が降りる十月にかけて放牧する「夏山冬里方式」が主流となっています。牛の放牧が縮小されてしまったためです。また、地域外から牛を受け入れて放牧する「広域放牧」や、冬の間も放牧する「周年放牧」も行なわれています。

熊本県が二〇一二年に実施した調査によると、阿蘇地域に約一六〇ある牧野組合の半数以上が、一〇年後には野焼きや輪地切りを続けることが困難になるだろうと答えているそうです。このため環境省では、牧野組合ごとに現状を調査して、「牧野カルテ」（野草地環境保全計画）を作成し、状況の改善に取り組んでいます。

公益財団法人「阿蘇グリーンストック」では、全国から野焼き支援ボランティアをつのり、初心者研修をしたうえで、各牧野組合に派遣する活動を展開しています。二〇一一年には、四九カ所に二三〇〇人を超えるボランティアを派遣しました。また、小中高校生が修学旅行で阿蘇を訪れる際には、牛の世話をする体験や草原と人々の暮らしを学習するプログラムなどを企画し、草原に愛着を持ってもらう取り組みも進められています。

あか牛が希少であってはいけない

現在、草原を利用しているのは、おもに肉用牛の生産のためで、肉用牛の放牧やその飼料の生産が行なわれています。大規模な畜産農家もありますが、飼っている牛が一〇頭以下という農家が全体の半数以上を占め、ほかの農作物との複合経営が一般的です。

日本で飼育されている肉用牛の主体は、黒毛和種《くろげわしゅ》です。いわゆる黒毛和牛として流通しているものです。しかし、阿蘇地域でおもに飼われているのは、在来品種である褐毛《あかげ》和種、通称「あか牛」です。赤茶色の毛並みをしています。

あか牛のルーツは、古く朝鮮半島から伝わった牛と考えられていますが、明治期以後になって、スイス原産のシンメンタール種と交配し改良されたのが、現在の阿蘇のあか牛です。日本で飼育されている黒毛和種が一八〇万頭以上もいるのに対し、あか牛は二万五千頭弱しかいません。そのうちの四割にあたる約九五〇〇頭が阿蘇地域で飼育されています。

なぜ、黒毛和種に対して、褐毛和種がこんなに少ないのかといえば、日本の市場が、脂質のつきやすい黒毛和種一辺倒の選択をしているためです。私たち日本人は、とくに霜降《しもふ》り賛美の傾向が強く、その一方で、しっかりした赤身の肉は硬いと思いこんでしまっています。しかし、牧草を餌にして、しっかりと運動した牛の肉は、よぶんな脂が落ち、赤身になります。赤身には、肉本来のうま味があるのです。

阿蘇がＧＩＡＨＳに認定され、あか牛が知られることによって、日本人の肉の好みに多様性が生まれる機会になればよいと考えています。

日本の肉牛の多くは、草ではなく、アメリカなどから輸入されたトウモロコシをおもな飼料としています。肉牛だけでなく、乳牛や豚、鶏なども同様です。これにより、日本の畜産の自給率は低くなっているのです。自給率という数字は、一種のマジックのようで、たとえば、但馬《たじま》の種牛を松坂《まつさか》で大事に育てたとしても、アメリカのトウモロコシを飼料に与えるかぎり、自給率はゼロになってしまいます。

こういったものは、数字のからくりにすぎませんが、問題は、輸入飼料を使っているために、日本の土壌が窒素《ちっそ》過多になっていることです。江戸期の都市の構造は、非常に合理的でした。江戸には郊外の農産物が持ちこまれますが、その代わりに屎尿《しにょう》を肥やしとして郊外に戻したわけです。つまり窒素の循環が成り立っていました。しかし、輸入した飼料については、アメリカに屎尿を送り返すわけにもいかず、結果として、日本の国土には窒素が蓄積されていくわけです。

あか牛の利用拡大をはかるために、地元では「阿蘇あか牛肉料理認定制度」が設けられています。二〇一二年三月現在、阿蘇地域の飲食店や旅館五〇店が、あか牛を使った料理を出す店として認定されています。また、「あか牛オーナー制度」も設けられました。これは、都市住民が向こう五年間分のあか牛の購入代金として一口三〇万円を支払い、産地直送のあか牛を味わうとともに、阿蘇の草原を守る取り組みに参加するしくみです。

生物多様性の話が何度か出てきましたが、私たちは、まず食料の多様性から確保する必要がありそうです。健康で、自分の口に合う食料を選ぶことのできる市場を再構築しなくてはなりません。食の嗜好《しこう》を画一化し、それによって生産が画一化されている状態は、とても危険なのです。あか牛、褐毛和種が希少となっている日本の食料事情が特異であることを自覚しなくてはなりません。

阿蘇の農業と林業

阿蘇では、畜産業以外もさかんに行なわれています。もとが火山灰の土壌であるため、農業に適していません。地域の農家が長年にわたって土壌改良を重ね、田畑を耕作してきました。現在では、約九〇平方キロメートルの水田と約一一〇平方キロメートルの畑で、多彩な農業が営まれています。夏が涼しい気候を活かして、トマトやホウレンソウ、アスパラガスのほか、イチゴなどの果物、それにリンドウなどの花を含め、種々の品目が栽培されています。この地域の農畜産業は、年間の産出額が約二九〇億円にのぼりますが、このうち半数近くの約一三〇億円が畜産業、約二割にあたる六〇億円が米と野菜です。

阿蘇地域の農家による「阿蘇草原再生シール生産者の会」では、阿蘇地域の牧草を堆肥にして栽培した「ヒゴムラサキ」（肥後の赤ナス）などの農産物に「草原再生シール」を貼ってブランド化する活動に取り組んでいます。このシールには、「草原環境を守るため、野草を使って育てました」と記されています。シールが貼られた野菜は、地元の直売所などで販売され、たいへん好評だということです。

からし菜の一種である「阿蘇高菜《たかな》」をはじめとした在来野菜も、さかんに栽培されています。これを塩漬けした「高菜漬」は、広島菜、野沢菜《のざわな》とともに日本三大菜漬のひとつとされています。また、サトイモの一種、「あかどいも」は、その赤い葉柄《ようへい》（葉と茎をつなぐ小さな柄）が食用となります。これを塩漬けした「あかど漬」は、独特の酸味と歯ごたえのある食感が特徴です。このほか、高森町《たかもりまち》で栽培される「鶴の子いも」は、火山灰土壌でしかできない品種で、郷土料理の田楽《でんがく》に使われています。

林業もさかんで、年間の素材生産量は八万二三〇〇立方メートル、産出額は約一三億円にのぼっています。カルデラ内の森林は、草地に植林されたスギやヒノキなどで、木材生産のためだけでなく、水源涵養《かんよう》の目的によって植えられたものです。集落に近い場所から植林されていったため、草地の下に林地があり、その下に農地や集落があるといった、阿蘇独特の景観を形成しています。なかでも、北部の小国町や南小国町は、十八世紀に肥後《ひご》藩の政策で、農家ごとに二五本の杉が植林され、「小国杉《おぐにすぎ》」というブランドで知られます。最近は材木だけでなく、木質バイオマスの利用も進められています。

お茶の生産に欠かせない草地

つづいて、**静岡の茶草場《ちやぐさば》**です。認定された地域は、掛川市や島田《しまだ》市、川根本町《かわねほんちょう》など四市一町で、静岡県中西部を南北に縦断しています。お茶とその関連業の産出額は一兆円にのぼりますが、静岡県は日本一のお茶の生産地です。この地域のお茶の栽培は七〇〇年以上前から始まったといわれています。

その生産の中心をなす掛川地域一帯において、「茶草農法」という伝統的な手法でお茶が栽培されていることを知る人は、少ないでしょう。この農法は、秋に刈りとって乾燥させ、裁断したススキなどの茶草を、茶畑《ちゃばたけ》の茶樹《ちゃじゅ》と茶樹の畝間《うねま》に敷きこむものです。

茶草農法で茶畑の畝間にススキなどを敷きこむことで、①地面の温度を調節する、②雑草の繁茂《はんも》を抑える、③土や栄養分の流出を防ぐ、④土壌の水分を保つ、⑤有機物を供給するなどの効果が生まれます。おそらくそうした効果により、お茶の味や香り、色がよくなるのではないかと考えられています。茶草農法を使って栽培したお茶の品質が、何もしないケースや茶草の代わりに稲わらを敷きこんだケースにくらべて高いことは明らかです。ところが不思議なことに、どのようなメカニズムで品質がよくなるのか、詳しいことはいまだにわかっていません。それでも、茶草を敷くことで良質なお茶ができると古くから伝えられ、地元では茶草農法が受け継がれてきました。

茶畑の周囲には、この農法で用いるための茶草が維持されています。この草地が、「茶草場」です。掛川地域全体では、約一〇平方キロメートルの茶畑と約三平方キロメートルの茶草場が散在しています。運搬の便のために、茶草場は近接しています。人々が暮らしている里地里山に、茶畑と茶草場がモザイク状に分布し、固有の景観と生物多様性を維持している点が最大の特徴です。とくに掛川市東山地区においては、茶草場の比率が高く、茶畑と茶草場の面積の比率はだいたい一〇対七前後となっています。

茶草を毎年刈りとることで、草地の自然環境は維持され、絶滅が危惧されるフジタイゲキやササユリ、キキョウなどの植物が見られるほか、掛川の名がついたカケガワフキバッタなど珍しい生きものが生息しています。

お茶の生産農家は、茶畑と同時に、この茶草場の管理をしなくてはならないわけです。掛川地域は、高速道路が横断し、開発が進む都市部にきわめて近いところに位置していますが、そうした場所で循環的な農業が続けられてきたことが、ＧＩＡＨＳの審査でも高く評価されたのです。

掛川市の茶畑農家、杉浦敏治《すぎうらとしはる》さんは、「当たり前のようにやってきたことがすごいことなんだと評価され正直驚いています。ただ、歴代の農家が日々やってきたことが今の自分たちを支えている、という歴史の重みを再認識しました」（「ａｆｆ」二〇一三年七月号）と述べておられます。

私自身、掛川地域の茶草場については、忘れられない記憶があります。二〇一一年三月十日から二日間、名古屋大学の野依《のより》記念館で「ＳＡＴＯＹＡＭＡイニシアティブ国際パートナーシップ」の第一回会合が開催されました。そして、翌十二日には、当地の茶草場を視察することになっていたのです。

静岡県掛川地域では、茶畑と茶草場がモザイク状になって広がっている

茶草場の様子

ところが、十一日に東日本を襲ったのが、あの大震災でした。会場の野依記念館も大きく揺れ、参加者に動揺が広がりました。とっさにマイクをとって、「野依さんがノーベル賞を受賞されたのは、阪神淡路大震災後です。この建物は、震災後に建てられたものですから、もっとも厳格な耐震基準にもとづいたものです。外に出るより、建物のなかにいたほうが、絶対に安全です」と、英語で参加者に呼びかけたことが思い出されます。やがて揺れはおさまり、会合を続けることができましたが、夜のレセプションも早々に終わらせ、ホテルでテレビを見ると東北三県などがたいへんなことになっていたのです。それで、翌日の視察は中止にしました。地元の人たちが準備をして待っていてくれたので、残念なことでした。

茶草場《ちゃぐさば》を守る

茶草農法を行なうため、お茶の生産農家では毎年十月末から翌年一月にかけて、広大な傾斜地に広がる茶草を草刈り機で刈りとります。茶草場は山の斜面にあることが多く、下側の草を足場にして上から順番に刈っていきます。刈った茶草は束《たば》ねて立てかけ、天日で干しますが、この立ち姿は「かっぽし」と呼ばれています。病害虫を防ぐために一年ほど乾燥させてから使う農家や、夏に刈りとって干す農家など、やり方はさまざまです。

全国にある草地の多くは、阿蘇地域のように野焼きや放牧などによって維持されていますから、人力の草刈りのみによって維持されているのは、珍しい事例といえます。各地で耕作放棄地の問題が深刻化していますが、ここでは茶草場のシステムが十分に機能しているため、耕作放棄地がほとんどありません。

刈りとって干した、ススキなどの茶草は、裁断されて茶畑の畝間に敷きこまれます。敷きこまれるススキの量は、茶畑一ヘクタールあたり平均で六・八トンにのぼります。農家一戸あたりにすると平均一五トンで、茶草の刈りとりと敷きこみなど一連の作業に要する労働時間は、年間約六〇〇時間とされ、これは茶生産の冬場の作業時間の約六割にもおよぶ重労働です。

このススキが分解されて土にもどるまでに一〇〜二〇年の年月がかかりますが、分解された土は、手にとると崩れてしまうほどフカフカです。

茶草場のなかには「財産区」と呼ばれる入会地もあり、地域住民が共同で作業し管理してきました。財産区には、刈りとりのできない農家が出てきたとき、ほかのメンバーが手助けをする互助組織のような役割もあります。それが、そのまま地域コミュニティになっているのです。

お茶は、この地域の主要な農産物であり、地域全体の八割近い約八三〇〇の農家が栽培しています。年間の生産額は約三一九億円にのぼります。地元では、茶畑のことを「茶原《ちゃばら》」と呼んでおり、茶樹は太陽の光を受けやすくするため、かまぼこ型（半円状）に剪定《せんてい》されています。収穫作業は機械で行なわれていますが、かつては、伝統の衣装に「茜《あかね》だすき」をした娘たちが手で摘んでいました。

茶畑と茶草場が生み出す景観は、たいへん美しいものですが、現地を視察してみて気になった点がひとつありました。茶畑のあいだに、霜除けの送風ファンが林立しているのです。景観よりもシステムが大切とはいいながら、GIAHSには、世界的な農業生産地モデルとしてふさわしい景観が求められます。すくなくとも昔は送風ファンなどなかったはずですから、FAOの関係者たちも、この景観上の難点を気にしていました。

私はいま、静岡県の「ふじのくに美しく品格のある邑《むら》づくり推進委員会」の委員長をしています。そこで美しい「邑」の審査をしたところ、この地区はGIAHS認定されたにもかかわらず、平成二十四年度の「美しく品格のある邑」六地域には選ばれませんでした。茶草場がよりすばらしい景観をもつ生産地となるために、日々よりよい方向に発展していくのが、ＧＩＡＨＳサイトの理想です。早々に改善されることを期待しています。

茶栽培と製茶の伝統

この地域でもっとも多く生産されているお茶の品種は、「やぶきた」です。これが全体の八割を占めていますが、残る二割は多品種です。さわやかで香ばしい「香駿《こうしゅん》」、コクとうまみがあり、芳醇《ほうじゅん》な香りが人気の「つゆひかり」など、六一品種ものお茶が栽培されています。北部の山地から太平洋に面する平地まで、さまざまな地形や気候の風土がふくまれているため、味も香りもさまざまな品種が生産できるのです。

品種の生産だけでなく、その加工にも工夫が見られます。日本人にはごく一般的な「煎《せん》茶《ちゃ》」は、蒸気によって加熱する製茶法ですが、じつは世界的にみてユニークなものです。煎茶が加工されているのは、いまでは日本だけです。

「深蒸《ふかむ》し茶」は、深く蒸すことによって、濃厚な甘みと独特の香りを出すという新しい加工法です。これは、一九五〇年代に掛川地域で開発されたもので、いまでは日本茶の代表的な製法のひとつになりました。

また、日本の伝統的な製法に、「手もみ」があります。これは、蒸したお茶をさらに手でほぐしたり捏《こ》ねたり揉《も》んだりして仕上げていきます。手もみの技術は京都で考案され、静岡にも伝わりましたが、揉み方や揉む時間などについて独自に改良が重ねられ、三〇以上の流派に分かれているそうです。現在では、ほとんどが機械で行なわれますが、「茶師」と呼ばれる専門の技術者によって手もみの技術が伝承されています。

お茶は、中国へ渡った僧侶たちによって、薬の一種としてもたらされ、十二世紀に臨済《りんざい》禅の開祖・栄西《えいさい》禅師がその普及に力を尽くしました。静岡県にお茶を持ち込んだのは、聖一《しょういち》国師・円爾《えんに》という、やはり臨済禅の僧侶で、彼の故郷であった、いまの静岡市に茶樹の種をまいたのが最初とされています。

十四世紀に書かれた書物には、すでにお茶の産地として静岡のことが記され、江戸中期に将軍家への献上茶を生産したことで、全国一の茶の産地として知られるようになりました。そして、江戸末期、日本とアメリカのあいだで貿易が始まると、お茶は絹と並んで輸出品目として重視されました。明治時代になると、牧之原《まきのはら》台地（島田市や牧之原市など）が開墾されて茶畑となり、県内全体へ茶の栽培が広がっていきます。

お茶の生産と静岡とは、このように歴史的にも切り離せない関係ですが、では、どういった経緯で茶草農法が生み出されていったのかといえば、よくわかっていません。草地は、かつては日本のどこにでも見られた、ごく普通の里地里山の景観でした。刈りとった草を田畑の肥料にしたり、牛馬の餌にしたりするのも当たり前のことでした。

日本の近代化が進むなかで、茶草場をつぶして茶畑にする選択が行なわれても不思議ではありませんでした。しかし、目先の効率性に背を向け、あえて手間のかかる作業を続けてきた先人たちの賢明な選択には、頭が下がります。

日本の茶草文化を守る

茶草場に、きわめて豊かな生物多様性が守られているのは、すでにふれたとおりです。なかでも、草地生植物は三〇〇種類以上が確認されています。生物多様性というと、珍しい種の保存ばかりを考えがちですが、かつては一般的だった植物を残していることが大切なのです。これは、日本人の文化を守ることでもあります。

しかし私たちは、もはや自然に生えている伝統的な草花を観察することができにくくなっています。「秋の七草」は、ハギ、ススキ、クズ、ナデシコ（カワラナデシコ）、オミナエシ、フジバカマ、キキョウの七種です。みなさんも、『万葉集』にある、つぎの歌をご存じでしょう。

萩の花　尾花葛《おばなくず》花　瞿麦《なでしこ》の花　女郎花《おみなえし》　また藤袴《ふじばかま》　朝貌《あさがお》の花

巻八　山上憶良《やまのうえのおくら》

尾花はススキ、朝貌はキキョウのことです。秋の七草というからには、秋になると、どこにでも見られる、日本の代表的な草花でした。それが、いまでは見つけるのも難しくなっています。カワラナデシコ、オミナエシ、フジバカマ、キキョウの四種にいたっては絶滅危惧種です。花屋さんがあつかう特別な植物になってしまいました。

茶道では、「茶花《ちゃばな》」と称して茶会の席に季節の花を飾ります。この茶花には、ススキをはじめ、リンドウ、キキョウ、ホトトギス、ワレモコウなど、茶草場で見られる植物が多くふくまれています。お茶と草は、文化的にも深い関係があるのです。

また、茶草の代表であるススキは、葉が鋭いことから魔除けとして使われたほか、稲穂に似ていることから、新年に豊作を祈る「田打ち講」、秋に収穫を感謝する「月見」などの行事に供えられてきました。ちなみに、先ほどの『花と木の文化史』によると、ススキは『万葉集』のなかに四三回も登場するそうです。お盆には、仏間やお墓にススキやオミナエシをお供えするなど、日々の暮らしのなかでも茶草が使われてきました。
掛川市東山地区産のお茶のパッケージには「Bio-Topia」（ビオトピア）のシールが貼られています。これは、高品質であるだけでなく、生きものと共生する農法で栽培されたお茶であることをアピールするブランドで、葉っぱの下に描かれた波線が茶草場を示しています。

茶草場の管理はすべて人による作業であり、たいへんな重労働です。しかし、この農法によって付加価値の高い（高く売れる）お茶を作ることができるため、農家の人たちはそれにも耐え、従来の農法を守ってきました。ところが近年、お茶の需要が減少し、それにともなって価格の低下が起きています。高品質のお茶であっても高値で取引されない状況が続けば、茶草農法の維持にも影響が出てくるでしょう。

掛川地域がＧＩＡＨＳサイトに認定されたことで、どうか高い価値が認められ、茶草場の景観が次世代に継承されることを願っています。それは、日本にあった茶草の文化を守ることでもあるのです。

日本のアグロフォレストリー

最後に、大分県のGIAHSサイトである、**クヌギ林とため池がつなぐ国東半島《くにさき》・宇佐《うさ》の農林水産循環**を見ましょう。対象は、九州の北東部に位置する国東半島と宇佐地域で、国東市や宇佐市、豊後高田市《ぶんごたかだ》、姫島村《ひめしま》など六市町村にまたがります。国東半島の北側のつけ根が、宇佐地域です。

国東半島は、ちょうど真ん中に両子山《ふたごやま》があり、そこから放射状に伸びた尾根と深い谷が海まで続いています。山がちの土地で、一帯は日本最大のクヌギ林です。クヌギは、伐採しても根株から萌芽更新され、約一五年のサイクルで再生されるため、循環的な木材資源を維持していくのに、すぐれた特性をもっています。

大分県は、三〇〇年以上にわたってクヌギを利用したシイタケの栽培が行なわれ、原木《げんぼく》栽培による「乾《ほし》シイタケ」の年間生産量が約一五〇〇トンに上る日本一の生産県です。

シイタケは、乾燥させることで、保存性はもちろん、うま味成分が増えます。大分県の原木乾シイタケは、生産量もさることながら、「冬茹《どんこ》」「天白《てんぱく》どんこ」など品質の高さで知られるものが多く、たいへん高価で取引されています。肉厚で仕上がりの形の美しさから、高級料亭などで供される煮物の材料として重宝されているためです。この地域は、うち二割を占める全国有数の産地となっています。

伐採されたクヌギは、三〜四年にわたってシイタケ栽培に利用されると、腐ってミネラルの豊富な軟らかい土となり、保水層を形成します。国東半島・宇佐地域には、小規模なため池を連携させて用水を供給するシステムが維持されています。森林の水がため池に蓄えられて、豊かな生態系を育んでいるのです。この美しい水によって、国の特別天然記念物であるオオサンショウウオやカブトガニ、絶滅危惧種でもあるイワギリソウなどが生息しています。

認定を申請したのは、六市町村と農業関連団体、有識者らで結成された「国東半島宇佐地域世界農業遺産推進協議会」でした。シイタケ栽培を軸に、クヌギの伐採と再生を繰りかえすことで、周囲の森林の新陳代謝は促進されます。すなわち、日本の「アグロフォレストリー」です。その循環型農林業の事例として高く評価され、新しくＧＩＡＨＳに認定されました。

クヌギ林という森林資源が、シイタケという付加価値の高い食糧を生み出すシステムは、世界的にもたいへんユニークな農業モデルといえます。ＦＡＯの関係者たちが、「森林の滋養を吸収して大きくなるのだから、木から食べ物を生産するしくみだ」という、日本人にはない見方をしているのが印象的でした。

この地域のリーダーは、国東半島宇佐地域世界農業遺産推進協議会の会長をつとめている林浩昭《はやしひろあき》さんです。「クヌギの伐採と再生が繰りかえされるなかで、周囲の森林の新陳代謝が促進され、木材資源の循環するシステムが作られた」と、端的に説明してくださったのは、この林さんです。

林さんは、東京大学農学部で教鞭《きょうべん》をとっておられましたが、お父上の他界をきっかけに生まれ故郷に戻られ、家業を継ぎました。五・三ヘクタールのクヌギ林を維持し、年間三〜五万の種菌《たねきん》を「駒打《こまう》ち」して乾シイタケを生産し、また同時に「シチトウイ」(七島藺、畳表《たたみおもて》などに加工される草)も栽培しています。

二〇一三年五月、GIAHSの事前調査として、私は、豊後高田市や国東市のクヌギ林やため池を視察しました。調査のポイントは、国内各地に五万とある、ほかの里地里山と異なる特徴があるかどうか、という点でした。クヌギ林に「ほだ木」(榾木)がいくつも寝かせてある風景は、まさに生きた里地里山の姿でした。

このときの視察では、久しぶりに県知事の広瀬勝貞さんと再会しました。広瀬さんとは、私が愛知万博の計画変更に関わっていた際にお会いしていたのです。愛知万博は二〇〇五年に開かれた国際博覧会で、愛知県長久手町《ながくて》（現在の長久手市）と豊田市《とよた》にまたがる会場と、瀬戸《せと》市にある会場で開催されました。当初は、瀬戸市の海上《かいしょ》の森をメイン会場として予定していました。ところが、オオタカが生息していたことなどから反対運動が起こり、計画を変更して、その南側に位置する長久手町の青少年公園に移すことになりました。そのとき、愛知万博を推進する経済産業省の事務次官が広瀬さんでした。

国東半島・宇佐地域のＧＩＡＨＳ申請は期限ギリギリだったため、広瀬さんもあわてておられた様子で、視察にはご本人が終始同行して説明をしてくれました。このとき、地元の酒蔵も案内してもらったのですが、そこで用いられていた酒米が地元産ではありませんでした。広瀬さんには、「地域を活性化するためには、やはり地域のコメと水を使って酒を造り、地域のブランドで販売することも考えたらどうか」という趣旨の話をしました。

独自の発展をした国東半島の農業

シイタケ栽培には、原木を用いる方法と菌床《きんしょう》を用いる方法があります。この地域で行なわれているのは原木栽培です。菌床栽培は、おがくずや米ぬかなどを固めたものに菌を植えます。日本で生産されるキノコの大半は、この方法によるものですから、手間もコストもかかる原木栽培ものには、大きな市場価値があります。

成長したクヌギは、秋になって長さ一〜一・二メートルごとに「玉切り」されます。その原木に、ドリルで多数の穴を開け、シイタケの種菌を打ちこみます。これが「駒打ち」で、その後、菌を原木に行きわたらせる「伏せこみ」を行ないます。翌年の秋に、伏せこみの終わった「ほだ木」を風通しのよい「ほだ場」に立てかけて並べ、春と秋の二回にわたってシイタケを収穫します。

ほだ場は、ほかの地域ではスギなどの針葉樹林のなかに設けられます。しかし、この地域の場合、冬季に降水量が少なく低温であるため、ある程度の日光が差しこむ明るい広葉樹林のなかにほだ場を設けているのが特徴的です。

大分県では全国に先駆け、二〇〇六年から、消費者に大分産であることがわかるしくみを導入しました。その対象となる商品には、「大分しいたけシンボルマーク」が貼られて、ブランド化されています。収穫した生シイタケの多くは、当地で天日や乾燥機で乾シイタケに加工してから出荷していますが、この一貫の仕事によって付加価値も高まっているのです。大分産の乾シイタケは高品質で知られますが、全国乾椎茸品評会では、農林水産大臣賞を一一回、林野庁長官賞を三九回も受賞しています。

国東半島・宇佐地域のクヌギ林

伐られたクヌギが寝かされた「ほだ場」の風景

シイタケを栽培するために、国東半島・宇佐地域にクヌギが植林されはじめたのは、明治期のことでした。大分県にあるクヌギは、蓄積量で全国の約二二パーセントを占めており、日本最大です。なかでもこの地域は、シイタケの原木栽培や薪炭用にクヌギを植林してきたため、森林面積に占めるクヌギの比率は一一・二パーセントで、県平均の一〇・五パーセントをさらに上回っています。

秋に伐採したクヌギ林は翌年の春、根株から新芽が出て萌芽更新されます。このとき、下草刈りやつる切りなどの細やかな手入れをして、クヌギが順調に生長するのに必要な日照を確保します。刈られてそこにおかれた下草は、ほかの下草の生長を抑えるとともに、クヌギの養分となります。クヌギは、一五年ほどでふたたび原木として利用できるサイズにまで再生します。

この地域は、火山灰の土壌で降水量も多くなかったことから、農業を営むには、まず水の確保が問題でした。しかし、とくに国東半島では、急な河川が多く、また谷あいの土地が狭小なことから、大規模なため池を造ることが難しかったのです。そこで、江戸時代以後、小さなため池をたくさん造り、水路で連携させて水を確保する技術をつちかってきました。たとえば、国東市綱井《つない》地区では、六つのため池を連携させたシステムが江戸時代からずっと運用されています。そこでは、最上流にある高雄《たかお》池の水は、稲が大きくなってからのストック用とされていました。

現在は地区内に約一二〇〇のため池があり、地区ごとの会議で選ばれた「池守《いけも》り」が、少ない水を効率よく、かつ公平に利用できるように、取水口の開閉などの管理をしています。その用水システムを運用する知恵と経験の伝承は、かけがえのないものです。

こうして、平野部が少なく、大規模な水田を造ることができなかったために、複合農業の知恵が生み出されたのでした。シイタケ、白ネギやコネギのほか、宇佐地域の在来種である「みとり豆」、大分特産の「カボス」、シチトウイなどといった、特殊な農作物の栽培、肉用牛の飼育など、さまざまな品目が産出されてきました。

シチトウイは茎が強く、畳表や円座などに加工されます。イグサよりも丈夫ですが、寒さに弱いため、冬季に苗床で育てた苗を五月上旬、水田に植えつけます。生長すると、一・三メートル程度の高さに揃《そろ》える「うら切り」という作業を行ない、倒伏《とうふく》の被害を防ぐためにまわりから網で囲います。八月上旬に鎌で刈り、縦方向に「双分《ふたわ》け」し、乾燥してから畳表を織ります。繁忙期が稲作と重ならないため、江戸期には広く稲作農家が栽培していましたが、現在では国東市が国内唯一の産地になってしまいました。

この地域の守り神である宇佐八幡宮は、かつて九州最大の荘園の領主でした。八幡宮とその神宮寺《じんぐうじ》だった弥勒寺《みろくじ》（廃寺）などのもとに、国東半島では多くの寺院が建立され、「六郷満山文化《ろくごうまんざん》」が華開いた、宗教文化豊かな地となったのでした。「郷《ごう》」というのは当時の行政単位です。この地域が、国東、田染《たしぶ》など六つの郷からなっていたことから、そう名づけられています。十一世紀の荘園をルーツとする「田染荘《たしぶのしょう》」は、十四〜十五世紀ごろの田園風景をいまにとどめるものとされ、二〇一〇年に国の重要文化的景観に選定されています。

世界農業遺産の成功は、日本にかかっている

日本では、すでに国内五カ所がGIAHSサイトとして認定されています。これは、国別でいえば、世界で中国についで多い数です。とはいえ、今後も新しい地域が認定される可能性は十分にあります。

GIAHSサイトは、二〇一三年に新しく認定された六サイトを加えても、まだ世界で二五サイトにすぎません。ユネスコの世界遺産は、一千件近くもあります。数が多ければよいというものではありませんが、FAOは、当面の指標として約二〇〇の候補地をリス

トアップしています。

ところが、ＧＩＡＨＳというものは、遺産的価値が認められれば、ただちに認定するというう種類のものではありません。あくまでも、その価値を伝え、維持していく現地の人ありきのシステムです。ですから、彼らがそんなものには興味がない、やれそうもないと判断してしまえば、その時点で終わりです。そうして、もたもたしているうちに、ひとつ、またひとつと遺産候補地は失われていっているわけです。

日本のような先進国が、ＧＩＡＨＳサイトをかかえるというインパクトは、国際社会において絶大なものです。いわば、広告塔のような役目を演じることができます。それと同時に、日本ならではのメリットも多くあげられます。

第一に、市民の社会性や教育度が発達しています。農業に従事していない人も、みんなでいっしょになって伝統的な小規模農業を考え、支えていこうとする傾向になじみやすいという点です。

第二に、生活にまだ余裕があります。農業の付加価値化という、ＧＩＡＨＳの考え方のひとつを経済的に支えていくことができます。

第三に、国土が狭いため、農村と都市とが近い。これは、たいへん重要なことです。距離が近いと、行き来がしやすく、接触も多く起こります。相手の顔がよく見えます。

もっといえば、ひとつの圏域《けんいき》と考えたほうがよいと思います。二〇一二年九月に改定された「生物多様性国家戦略」（生物多様性の保全および持続的な利用に関する国の基本計画）では、それを「自然共生圏」と名づけて、農村と都市の連携と交流を進めていこうとしています。

このような日本の立ち位置が、たいへん有効なのではないでしょうか。ですから、農業というものが、日本にもこれだけ残っているのだという事実を、どんどん世界に発信していかなくてはなりません。そして、その経験から新しいＧＩＡＨＳのあり方を見つけ出していくことが、求められているのかもしれません。

そのためには、まず自分たちの国の農業の現状がどんなものであるかを知らなくてはならないのです。

第三章　日本の里《さと》地《ち》里山《さとやま》とSATOYAMA

伝わりにくい里山の概念

みなさんは、里山といえば、どのような風景を思い浮かべますか。人によって、イメージは微妙に異なっているのでしょうが、それは、おそらくはつぎのような風景ではないかと思います。

山に囲まれ、閉じた土地のなかに小さな区画の田畑が営《いとな》まれている。藁葺《わらぶ》きや萱葺《かや》き屋根の農家が点在し、田んぼで農作業する人の姿、そのかたわらには、トラクターが見える。昔は、これが牛だったのだろう。近くにある小川や水路の流れは澄《す》みきっており、土手に愛らしい季節の野花が咲いている。農作業が一段落すると、農家の人たちは山に入り、薪《たきぎ》を拾い、ときにはキノコや草木などを採集し、季節を楽しむ。

まさに都市の対極にある田舎です。理想的な田舎暮らしのできる場所といってもよいかもしれません。都市に住む日本人であれば、このような農村景観にどこか懐かしさを感じずにはいられません。

このときの「里山」という言葉の定義は、どのようになるでしょうか。「昔ながらの農村景観」と考える人が多いのではないでしょうか。では、里山が成立するために必要なものは何ですか。田んぼですか。山ですか。しかし、森林や原っぱの里山もあります。里山の意味を正確にとらえることは、なかなか難しいものです。

じつは里山というのは、一九六〇年代になって、森林生態学者の四手井綱英《しでいつなひで》さんが提唱された概念でした。とても新しい言葉なのです。

森林のなかには、落ち葉や下草を集めて堆肥にするなど、農業のために用いる「農用林」という分類があります。この表現が専門的すぎるというので、一般的な「山里」という言葉をひっくり返した新造語「里山」を、農用林の代わりに使おうではないかと四手井さんは提唱したのです。つまり、里山のもとの意味は、人間によって活用された森林のことでした。

それまでにも、里山という言葉が、まったく使われなかったわけではありません。一七五九年に記された『木曾《きそ》山雑話』という書のなかに出てきます。「村里家居近き山をさして里山と申し候」という記述がそれで、所三男《ところみつお》さんの『近世林業史の研究』のなかに紹介されています。ただし、里山という言葉がいまのようなポピュラーなものになったのは、やはり四手井さんが取り上げたことが大きかったと思います。

四手井さんの里山は、その意味をしだいに広げていきます。農用林に似た別の用途の森林として、薪や炭をとるための樹木を育てる「薪炭林《しんたんりん》」があります。このように、農家によって利用され、人の手が入った森林のことを、まとめて専門用語で「二次林《にじりん》」といいます。国東半島にあるクヌギ林も、これにふくまれます。

また里山には、農家の屋根を葺《ふ》くための藁草などを育てる原っぱ、すなわち「採草地《さいそうち》」がふくまれるようになります。昔は「萱場《かやば》」などと呼ばれることもありました。静岡の茶草場もそうです。

里山の狭義の意味は、こういった二次林や二次草地《そうち》を表わしています。

私がこの言葉の難しさに直面したのは、二〇〇一年に『里山の環境学』という書籍をまとめたときでした。一六人の研究者が参加し、里山について総合的に考えるという新しい試みで、ニッセイ財団の助成を得て出版したものです。研究者たちの話を聞くうちに、真っ先に解決しなくてはならなかったのが、里山の定義でした。里山には、大きく分けて、狭義の意味と広義の意味があるという事態に直面したのでした。

狭義の里山は、二次林などを表わす言葉です。その一方で、これに田んぼやため池なども加えた、いわゆる伝統的な農村の景観をトータルに里山とみなす、広義のとらえ方が出てきました。冒頭に例としてあげた一般的なイメージは、広義の里山だと思います。狭い意味で使う人は、それまで里山に深く関わってきた人が多く、広い意味で使う人には、新たに里山の自然を守る活動をするようになった市民が多いようです。

里地里山、奥山、そして里海

このことは、二〇〇一年二月に東京大手町で開催された、「里山の自然をまもり育てる」と題したワークショップでも、ちょっとした論争になりました。このとき、名古屋大学の研究グループは広義の解釈をしていました。

そこで私は、里山を学術的に再定義すべきではないかと述べました。つまり、里山が表わす範囲は、農用林・薪炭林・採草地などとして維持されてきた二次林や二次草地に限定し、それ以外の田畑やため池など、農業活動そのものによって生み出された景観などをふくむ、多様なモザイク状の土地利用については、「里地《さとち》」という言葉で表現できるのではないかと主張したのです。

山があって、樹林や草地があって、田んぼがあって、ため池や農村集落があるという、先にあげた農村景観のイメージは、まさに里地の景観です。しかし、里地という言葉だけで表わしますと、そのなかに里山もふくまれていることが一般の方には伝わりづらいように思います。そこで本書では、トータルな農村景観を表わすときには、「里地里山」という言葉を使っています。

里山と里地里山の関係をまとめておきましょう。

里山――二次林（農用林、薪炭林）、二次草地（採草地、萱場）
里地里山――里山のほかに、農耕地（畑、水田）、ため池、水路、農村集落など

里山に対して、「奥山」という言葉が使われることがあります。これは、人里離れた自然林や広大な人工林に覆《おお》われた山のことです。人々の暮らしとの距離が、里地里山とは大きく異なっています。

一方、日本の各地には、「鎮守《ちんじゅ》の森」というものがあります。これは、里地里山のなかに位置していますが、人の手がほとんど入らずに保護されているので、里地里山の構成要素としては例外的です。宗教文化的に見ても、手つかずの自然から下りてきた神がいつく場所です。いわば「奥山のサテライト」のようなものです。

この鎮守の森のような場所が、韓国の「マウル」にもあり、「マウルスップ」（スップは森の意味）と呼ばれていますが、両者の外形は驚くほど似ています。マウルとは、集落と田畑、二次林、ため池などをふくめたモザイク状の農村景観のことで、日本の里地里山にあたるものです。韓国の地方では、住居や墓地の場所を決めるときに用いられる風水《ふうすい》の考え方が根強く残っており、この宗教的な森であるマウルスップも、マウルの構成要素とされています。

日本の鎮守の森を、韓国のように里地里山の要素にふくめるべきかどうかは、今後の議論にゆだねたいと思います。

もうひとつ、里地里山と近いとされる概念に、「里海《さとうみ》」があります。能登地域のＧＩＡＨＳサイト名である**能登の里山里海**に、取り上げられました。

これは、九州大学の柳 哲雄《やなぎてつお》さんが『里海論』という著書のなかで提唱された、新しい概念です。「人手が加わることによって、生産性と生物多様性が高くなった海」を里山にならって、里海と定義しています。里地里山と里海の共通点は、それを維持するためにはむしろ人の手を加えつづけたほうがよいということです。しかし、手を加えすぎてもダメで、やはり自然と人為のバランスが必要だという点は、里地里山と同じです。

里地里山の概念については、研究者のあいだでも、ほぼコンセンサスができています。しかし、里海については、人の手が加わることによって生物多様性が維持できるとまではいえないのではないか、といった批判がないわけではありません。私自身も、懐疑的でしたが、たとえば、新たに国立公園への指定が検討されている慶良間《けらま》諸島で、人の手によるオニヒトデの駆除がサンゴ礁《しょう》の生態系を豊かにしている現状などを実際に見て、かなり納得できるようになりました。

私は、東日本大震災でひどい被害を受けた、宮城県北部から青森県南部まで約二二〇キロメートルにおよぶ海岸線の一帯を「三陸復興国立公園」に指定する環境省のプロジェクトに関わってきました。その指定を記念した式典が、二〇一三年五月に青森県八戸《はちのへ》市で行なわれましたが、この国立公園のメインテーマは、「森・里・川・海のつながりの再生」です。この場合の「森」が里山を、「里」が里地の中核である農耕地をさしています。

まさに里山、里地、里海を一体的につなげて考えるなかで、「里川」という新造語も出てきています。これには、さすがに言葉のインフレという印象が否《いな》めませんが、使っているうちに慣れてくるのでしょうか。

環境省の自然環境基礎調査では、ＧＩＳという地理情報システムを利用して全国の国土をくまなく調べています。二〇〇八年の「重要里地里山選定等委託業務報告書」によると、①農耕地、②二次林、③二次草原の合計面積が五〇パーセント以上を占め、しかも、その三つの要素のうち、二つ以上を有する地域を「里地里山的環境」とみなしています。この場合、日本の国土全体の三九・四パーセントが、里地里山ということになるそうです。その約三割は、都市圏に分布しています。

この里地里山の標高は、平均すると二八〇メートルですが、茨城県や千葉県など平均標高が一〇〇メートル未満の地域もあれば、山梨県や長野県のように八〇〇メートル以上の地域もあって、都道府県により標高分布が大きく異なることがわかりました。

いちがいに里地里山といっても、同様の対策が通じるわけではないのです。類型化は、部外者にもわかりやすい入り口を設けてくれますが、各地域の里地里山について考えていくには、まず現地での生活を自分の目で確かめて、よく知らなくてはなりません。

森林に「人の手が入る」ということ

では、なぜ里山という言葉が一九六〇年代以降、ポピュラーになったのでしょうか。それはやはり、時代が求めていたからだと思います。

自然環境行政の立場からいうと、それまでは、手つかずの自然こそが大切であって、なかば人工的に管理された自然など守るに値しないという考え方が主流でした。ところが、そうやって手つかずの自然に注意をはらっているうちに、どこにでもある里地里山は、保護運動の対象外とされてしまいました。とくにこの一九六〇年代には、都市近郊の里地里山が、造成によって住宅地となり、都市から離れた場所ではゴルフ場やスキー場などレジャー施設に変わっていきました。

その結果、いたるところに当たり前のようにしてあったものが、気がついたときには、ほとんどなくなっていたというわけです。もっと身近な自然こそが守るべき対象だという認識が、しだいに広がってきます。そのときに借り出されてきた言葉が、農村でも、田舎でも、山里でも、農用林でも、草地でもなく、里山でした。

しかし、里山は適度な人の手が入ってこそ維持できる「二次的な自然」です。手つかずの自然を保護するようなやり方では里山の自然は守れません。里山の本来の意味は、二次林や二次草地なのです。それを守る人がいて、はじめて成り立つわけです。なぜ、こうした場所が開発の対象になったかというと、経済的な意義をなくしてしまったからにほかなりません。

それまでの薪炭林から供給されていた薪や炭に代わって、石炭や石油が使われるようになりました。農用林から供給されていた落ち葉などの堆肥の代わりに、化学肥料が使われるようになりました。萱葺きの屋根は、瓦葺きやスレート屋根に代えられました。使ってこその里山が、使われなくなってしまったら、もう里山ではなくなります。

また、里山で生息している生きもののなかには、人の手が入らなくなると消えてしまうものも少なくありません。

たとえば、片栗粉《かたくりこ》という食品があります。から揚げなどに用いられる粒の細かい粉です。あれは現在、ジャガイモなどから得られるデンプンによって製造されています。ところが、もとはカタクリの地下茎から採取されていました。カタクリからとれるから、片栗粉なのですが、いまでは、カタクリからできた片栗粉などにはお目にはかかれません。これは、ちょっとした不当表示です。

カタクリは、里山を代表する春植物でした。季節になると、ピンク色の美しい花をつけます。これを農家が採取し、花や葉をお浸《ひた》しにして食べたほか、片栗粉をつくって出荷していたのです。春植物は冬の間、林のなかで眠っています。暖かくなってはいるものの樹木がまだ葉を繁らさずにいる春先、日照が地面に届く明るい林でいっせいに花を咲かせます。そして、葉が繁って林のなかが暗くなると、また眠りに入ります。

その林に人の手が入らなくなり、鬱蒼《うっそう》とした森林になってしまうと、春植物は花を咲かせることなく枯れてしまいます。こうして、カタクリの花は激減し、本物の片栗粉も消えてしまったのです。

里山という言葉が与える誤解

里山というと、都市から離れた農村をイメージする方もおられるかもしれませんが、その多くは、都市圏を囲む丘陵地帯にありました。消費地に運搬しやすい場所で営むことは経済的にも有利ですから当然のことでしょう。ところが、そういった都市近郊の里山は、大規模なニュータウンを造成するのに、打ってつけの場所でした。

日本ではじめて開発された大規模なニュータウンは、大阪府豊中《とよなか》市と吹田《すいた》市にまたがる千里《せんり》ニュータウンです。つづいて、同じ大阪府の堺《さかい》市と和泉《いずみ》市にまたがる泉北《せんぼく》ニュータウン、愛知県春日井《かすがい》市の高蔵寺《こうぞうじ》ニュータウン、東京都多摩《たま》市や八王子《はちおうじ》市などにまたがる多摩丘陵の多摩ニュータウン、神奈川県横浜市の港北《こうほく》ニュータウンなどが、つぎつぎと造成・開発されていきましたが、いずれも丘陵地帯の里山があったところでした。

そこで、皮肉なことが起こっています。里山を破壊してできたニュータウンに移り住んだ人たちが、周辺にわずかに残っていた「里山」が貴重な自然だと言い出したのです。その「里山」を住民たちで管理しようという動きも出てきました。

ところがこのとき、すでに人の手が入っていなかったのですから、それは「放棄された里山」であって、もとの里山ではありません。また、多くの住民たちは、里山というものが人の手によって管理されている「半自然」だということを知りませんから、「里山で草をとり、木を伐《き》るのは、自然破壊だ」というふうに考えてしまいました。

たとえば東京都は、多摩ニュータウンのある多摩丘陵に、いくつもの里山公園を運営しています。ここで定期的に木を伐採する管理もしてきました。木は、伐られることで萌芽《ほうが》が促進されて成長します。木が大きくなるとまた伐採して、それを繰りかえすことによって、里山の自然、いわゆる明るい雑木林が維持されます。

それを管理せずに放置すると、日照が入らない暗い鬱蒼とした森林になったり、竹林になったりしてしまいます。そうならないように木を伐採していたのですが、すると、ニュータウンの住民たちから自然破壊だと非難されたというわけです。税金を使って、わざわざ仕事のなくなった里山の元管理者たちの雇用を守ってやっているのかと、心ないことをいう人もいました。

ですから当時は、私が講演でこういう話をすると、「なぜ、せっかくの自然に手を入れる必要があるのか」という批判的な質問がかならず飛んできたものです。最近になって、ようやく里山の意義について知る人も増え、社会的なコンセンサスとして認められるようになってきました。

ただ、まだまだ誤解が解消したわけではありません。自然の理想形というのは、「手つかず」であるべきとする人は多くいますし、山や森林、草原といった半自然の景観を、農林業の経済的な、あるいは文化的な視点から考えられる人は、まだまだ少ないように思います。

里山という言葉が、たちまち普及し、その意味がひとり歩きしていったのも、この言葉のもつ可能性が、現代日本人にとって魅力的なイメージを強くかき立てたからでしょう。

改めて四手井さんの言葉のセンスに驚かされるとともに、言葉が広まって身近になることで、その定義があいまいになり、誤解が生まれていったという事実も指摘しなくてはなりません。これは、もちろん四手井さんが悪いわけではなく、里山という言葉のもつイメージが、都市に住む人たちの頭のなかで、勝手に「美化」されてしまったところが問題なのです。

里山と二次林《にじりん》

このように里山といえば、ある人は、田んぼのある、のどかな農村風景を浮かべ、またある人は、手つかずの自然の山や丘陵地を浮かべているのです。しかし、その中心をなしているのは、二次林といわれる森林形態です。このことは、一般には意外と認識されていません。

森林は、大きく三つのカテゴリーに分類できます。

ひとつは、「自然林」です。一般的には、手つかずの森林で、程度によって半自然林といわれるものもあります。樹種としては、ブナやスダジイ、もっと北に行くとトドマツなどがふくまれます。ユネスコの世界自然遺産に登録されている「白神《しらかみ》山地」は、ブナ林です。

二つめが、「二次林」です。これは、半分は自然の生い立ちによりますが、半分は人の手が加わっており、自然と人の手の調和によって成り立っている森林です。いってみれば、自然と人為のハイブリッドです。

二〇〇二年にまとめられた「里地自然の保全方策策定調査報告書」によると、全国に約七・七万平方キロメートルある二次林の植生は、つぎのような内訳です。

・本州東部と中国地方の日本海側を中心に、コナラ主体の林が約二・三万平方キロメートル
・西日本を中心に、アカマツ主体の林が約二・三万平方キロメートル
・本州北部を中心に、ミズナラ主体の林が約一・八万平方キロメートル
・南日本を中心に、シイやカシ主体の林が約〇・八万平方キロメートル

このほか、北海道のシラカンバ林や西日本のシデ類の林などをあわせて約〇・五平方キロメートルとなります。

このうち、コナラ林は管理をおこたると、すぐにタケ類やネザサ類が繁茂してしまいます。二次林には落葉樹が多いのですが、常緑樹のものもあって、その代表がアカマツ林です。このアカマツ林はいっせいに枯死にいたるケースがあり、すると、低木のやぶとなって生物多様性が低下します。

三つめが、「人工林」です。文字どおり人間がイチから植えた森林です。そもそも人が植林しないかぎり存在しないもので、動物でいえばペット、農業でいえばプランテーショ

ンにあたる存在です。スギやヒノキ、北のほうではカラマツなどが入ります。鉄道や道路ぞいから眺める山などに、規則正しく植えられているのが、それです。屋久島のスギなどは天然スギですから、自然林であって人工林ではありません。

スギやヒノキは、木材資源としては重要ですが、戦後の林業政策によってあまりにも拡大しすぎてきました。こうした人工林の一部は自然に戻したり、可能であれば二次林として利用したりするのがよいというのが、私の考えです。

以上のうち、自然林と人工林は、里山ではありません。里山といわれる森林は、二次林をさします。

日本の森林環境はこんなに変わってきた

日本列島は、非常に大きな時間の幅で眺めた場合、気候が寒冷化すると落葉樹を中心とした森林環境になり、温暖化すると常緑樹を中心にした森林環境になるという傾向があります。それは、とくに西日本において顕著です。縄文時代には、いまよりも温暖であったので、常緑樹林化したと推定できます。

ところが、自然の生態系が変わるためには、動物や鳥、昆虫、風などによって種が運ばれ、発芽して成長し、また種が運ばれ……を繰りかえしていかなければならないわけで、広い範囲で常緑樹林化するには長い歳月がかかるのです。

たとえば、氷河期が終わって、千葉県の房総《ぼうそう》半島南端に残っていた常緑樹林が北に広がり、関東の内陸全体が常緑樹林化するまで、約一千年近くかかったといわれてます。ちょうどそのころに、この地にすむ縄文人が焼畑を始めました。すると、不思議なことが起こります。気候が温暖化して常緑樹林帯になるはずなのに、縄文人の手が入ったことにより、寒冷な時代の自然、つまり落葉樹林がそのまま維持されたのです。それが、現在あるような里山環境のルーツです。

熊本県阿蘇地域でも、同じことが起こりました。気候が温暖化して常緑樹林帯になるはずのところ、野焼きが行なわれていたため、草原的な環境が維持されたのです。そして、氷河期に朝鮮半島と陸続きだったころ、渡ってきた植物が絶滅せずに生き残りました。阿蘇地域がＧＩＡＨＳに認定されたのも、その草原的環境の希少性が評価されたからです。

縄文人にとって、平地に続く低山や丘陵地は、メインの生活の場でした。そこで焼畑をしたり狩猟をしたりして、暮らしていました。温暖だった縄文時代は、海面がいまより高かったので、関東地域でいえば、東京の下町あたりは水面下でした。海に近い場所では、湿地が広がっていました。そのため、生活の跡である貝塚《かいづか》は、内陸の台地の縁《へり》で見つかります。

ところが、弥生時代になると、人々は山から低地に下りていくようになりました。稲作が始まったからです。それまで生活の中心にあった山は、平地で行なう稲作を支えるための、サブの空間になります。これが、里山の誕生です。

七世紀ごろには、おもに関西で里山の伐採禁止令が出ます。その背景として関西の土壌が乾燥していて流れやすいという事情がありました。しかも、文化的に発展していた事情もあって、木材の採取が過剰に行なわれていたのでしょう。それで、早くから権力者が主導して、保護の取り組みをしていました。

里山の荒廃と「アカマツ亡国論」

里山が荒廃するのには、二つの理由しかありません。ひとつは、人の手がまったく入らなくなること、もうひとつは、それとは逆に手が入りすぎること、つまり濫用《らんよう》です。

少し昔まで、日本の山の風景はといえば、古文書や少し昔の地図などから推測すると、ほとんどが「禿山《はげやま》」でした。燃料や木材のすべてを里山に頼っていたからです。どんどん増えていく日本じゅうの人口分を賄《まかな》っていたわけですから、当然のごとく濫用となり、山は荒廃しました。

その結果、荒廃した環境でも育つような樹種しか再生できなくなりました。日本各地でアカマツ林が見られるようになったのは、そのためです。アカマツは、荒廃する里山の「最後の切り札」でもありました。日比谷《ひびや》公園の設計者としても知られる、本多静六《ほんだせいろく》という東京帝国大学の林学者が、アカマツが増えるのは国が滅びゆく証拠だと提言したほどでした。「アカマツ亡国論」です。ただし、アカマツ林も立派な二次林ですから、きちんと管理すれば、有用な里山に変わりありません。

鎌倉の大仏では、戦前の観光写真を見ると、背後にマツ林が広がっていました。イギリス人の報道写真家・フェリーチェ・ベアトが撮った写真では、鬱蒼としたマツ林に囲まれて、あたかも大仏が深い瞑想《めいそう》に入っているかのように見えます。この写真は、明治初期に撮られたものですから、これ以前の段階で、すでに一帯の里山は荒廃していたことになります。

ところが現在、大仏の背後の森林は全部、照葉樹林になっています。その後、手が入らなかったため、植生が変わってしまったのです。

ベアトが撮影したマツ林のなかの鎌倉大仏。横浜開港資料館蔵

兵庫県の六甲山《ろっこうさん》も、いまでこそ木々が生い茂っていますが、明治期には無計画に伐採しつくされて、完全な禿山と化していました。このため、緑化復元事業の対象となり、等高線にそってマツが植えられていきます。しかし、これもふたたび放置されたために、植えられたマツは枯れてしまい、現在の鬱蒼とした照葉樹林になりました。すると、皮肉なことに、木が高く育ちすぎたことで、観光の目玉である神戸の夜景が見えなくなってしまったのです。今度は、邪魔な木を伐ろうかという話になっています。

このように、日本の森林形態は、そのときの事情によって、二転三転させられてきました。日本森林学会会長をつとめられた太田猛彦《おおたたけひこ》さんによると、「日本の森林が荒廃しているというのは嘘で、いまほど豊かなときはなかった」のだそうです。太田さんは、これを「森林飽和」と名づけておられます。たしかに、現在の日本には、国内の木材需要すべてまかなえるだけの豊富な森林の蓄積があります。

しかし、だからといって日本の森林が豊かと喜んではいられません。これだけ豊かな森林がありながら、使わずに放置し、海外の資源に依存しつづけている状況は、けっして望ましいものではありません。やはり、しっかり使うべき森林と、手をつけるべきでない森林とは、分けて考えるべきではないでしょうか。

さらに、里山に大きなダメージを与えたのは、戦後の拡大造林でした。政府の政策によって、スギやヒノキがつぎつぎと植林され、里山をつぶして多くの人工林が造られていきます。復興の需要に応じるためでした。

その後、格安の輸入材が入ってくるようになり、国産木材の利用が低迷すると、林業人口は減少、高齢化し、たちまち間伐《かんばつ》や下刈りなどの手入れが行きとどかなくなります。いまや人工林も放置されているのが、当たり前になってきました。

このように、日本にある自然の生命線は、自然と人間との関係論におきかえることができます。自然を守ることは、森林を守ることであり、里山を守ることです。

ただし、両者の関係が絶妙なバランスを保っていた時期は、それほど長くはありませんでした。江戸期にはすでに禿山になっていましたし、現在は用いられず放置されてしまっています。バランスが保たれていたのは、明治の終わりごろから、戦後になって燃料革命が始まるまでの、わずか半世紀ほどしかなかったことになります。

私たちが再生をめざすのは、この半世紀にあった環境です。自然と人為のバランスを保ちつづけることが、「持続可能」（サステイナブル）な環境を有するということなのだと思います。

日本の政策はその後になって大きく転換し、里地里山の再生に向けた、さまざまな支援策を講じるようになりました。ただ、その対象の多くは、里山以外の里地の部分に向けられたものです。里山は、経済的な活動の場とは見なされず、かろうじて炭焼き産業について補助金が出ているくらいです、里山の役割を包括的にとらえた政策は、いまだ出ていないのが実情です。

三富新田《さんとめしんでん》——平地に造られた里山

いまも生きている里山で、興味深い場所のひとつに、「三富新田《さんとめしんでん》」があります。埼玉県所沢市《ところざわ》から三芳町《みよしまち》にかけて広がる里山ですが、ここがユニークなのは、低山や丘陵地の利用ではなく、江戸期になって平地から新しく造成された事例であるというところでしょう。これを「平地林《へいちりん》」といいます。

火山灰地である関東平野は、かつて一面の草地になっていました。やせた土壌はリンが欠乏しており、農作物を生産するのに適しませんでした。場所によっては、ニシンなどを大量に買いこんで、肥料に用いていたところもあります。そこで、この地域では、樹木を植えて、その落ち葉で土壌を改良する計画に取り組んだのです。

三富新田では、まず街道沿いに家が並び、家には屋敷林があって、背後の敷地を開墾して畑にしています。さらにその背後にあるのが、平地林です。つまり、家―屋敷林―畑（里地）―平地林（里山）がワンセットになった、幅約七二メートル、奥行き約六七五メートルの短冊《たんざく》状の土地です。

各農家は、一戸でこのワンセットを所有し、自給自足の暮らしを営んでいました。面積は約五ヘクタールですから、かなり広い土地です。そして、この長細い里地里山が、横に何戸もつらなって、長大な全体を形成しています。

屋敷林には、ケヤキやカシ、スギ、タケなどが植えられ、防風林となっただけでなく、夏は涼しく、冬は暖かいエアコンの役割も果たしていました。タケは、農具や籠《かご》の材料になっただけでなく、春にはタケノコが食卓を彩りました。

平地林に見られるのは、クヌギやコナラ、エゴノキなどの高木類、ハギやタラノキなどの低木類、スミレやシュンランなどの植物です。農家は、そこから採取した落ち葉を堆肥にして、サツマイモなどの野菜を栽培し、また、平地林の木を伐採して燃料用の薪に使ってきました。ワラビやタラの芽を食すこともできました。いまでも一部の熱心な農家が、昔ながらの里山の恩恵を受ける生活を続けています。この平地林が里山であることは、木

埼玉県の里地里山「三富新田」を空から見たところ。
平地林と耕作地、屋敷林が帯状に並んでいるのがわかる

耕作地から、里山である平地林を見たところ

を伐採したのちに萌芽更新があることでも明らかでしょう。

この地域のフィールドワークを丹念に続けてこられたのが、『里山と人の履歴』の著者である獨協《どっきょう》大学の犬井正《いぬいただし》さんです。

犬井さんは、この書籍のなかで、「里山では、森林の再生力を越えない範囲で伐採を繰り返すなど、人間の自然への積極的な働きかけを通じて、そこに棲息する動植物もふくめて、人と自然との間に持続的な共生関係が育まれてきた。……（中略）……人間の消費と自然の生産とのバランスによって成りたっている里山こそ、二一世紀が目指すべき可能性を秘めた環境なのである」と評価されています。

ところが残念なことに、こうした形態の土地利用は、開発に対してたいへん脆弱《ぜいじゃく》なのです。なぜかというと、一戸一戸の土地は短冊状ですが、平地林の部分だけ見ると、横につらなる大きな林になっています。この林地をまとめて、大手のディベロッパーが購入するという事態が起こりました。

農家にしてみても、化学肥料や化石燃料を使う時代になって、林地がなくても農業や生活に支障をきたしません。わが里山に対する特別な思い入れでもないかぎり、使わない林地の部分を所有する必要はなくなります。こうして、里地から里山が切り離されてしまうのです。

そして、長大な里山である平地林をつぶして、住宅地や産業廃棄物の処理場が造られました。長く続いていた森林は、ところどころ歯抜けのようになってしまいました。埼玉県所沢市や川越市などにまたがる「くぬぎ山」には、六〇あまりもの産廃処理場が建設され、その周辺で高濃度のダイオキシンが検出され、大騒ぎになったことがあります。これが里山開発の現状です。

入会地としての里山

三富新田は特異な例ですが、一般的な里山は、地域農家の共有地であり、かつては「入会地《いりあいち》」と呼ばれていました。地域の資源をみんなで管理し、その恩恵を分かち合うということです。

入会地は、英語でコモンズCommonsと表現されているものです。土地の所有は通常、パブリックpublic（公有地）か、プライベートprivate（私有地）に分かれますが、その中間形態がコモンズです。一般的には、地域コミュニティ共有の土地と考えてよいでしょう。それは、ひとつの集落のなかにある場合もあれば、複数の集落にまたがる場合もありますが、いずれも地域の人たちが話し合い、ルールを決めてから利用されていました。

これにより、入会地の資源が枯渇《こかつ》したり、荒廃したりすることを防げます。また、手のかかる作業も、この入会地の関係者によって協同で行なわれます。たとえば、共有の草地から萱をとってきて、みんなで一戸の農家の屋根を葺きかえるのです。この作業を各戸がローテーションで行なえば、個人の大きな負担を避けられます。祭りやさまざまな行事・習慣も、この考え方の延長線上にあるものと見なすことができるでしょう。いってしまえば、日本のムラ概念の基層にあるものが、入会地です。

二〇一三年六月には、山梨県富士吉田市《ふじよしだ》で「国際コモンズ学会」が開催されました。このとき来日したデューク大学名誉教授のマーガレット・マッキーンさんは、コモンズ研究の第一人者であり、日本の入会地についてもくわしく研究されている方でした。

一九六八年、ちょうど日本では里山の荒廃が進んでいたころ、生態学者のギャレット・ハーディンさんが、科学雑誌『サイエンス』に「コモンズの悲劇」という論文を投稿し、脚光を浴びました。ハーディンさんはこの論文のなかで、地域住民にコモンズの管理をゆだねると、自分たちの欲望のままに資源を奪いとり、やがてコモンズの機能は失われてしまうだろうと警告したのです。

このハーディンさんの意見に対し、国際コモンズ学会の研究者たちは、反論します。適正な管理が行なわれれば、コモンズは資源を維持するもっとも有効な手段であるというわけです。適正な管理とは、日本の入会地と同様、利用者間のルールづくりです。利用できる時間や場所、同時に利用する人の数、対象となる品目、そういったものを、あらかじめ決めておきます。もちろん、一部の人が勝手に共有となる土地や資源を処分することもできません。

コモンズは当初、地域の土地と資源と見なされていましたが、地球全体の大気や水、資源、生物、さらには宇宙空間などを、新たに「グローバル・コモンズ」として考え、研究の対象とするようになってきました。このため従来のコモンズは、「ローカル・コモンズ」と呼ばれています。また、土地と資源だけでなく、伝統や文化、知的財産、遺伝子情報などもコモンズとして、学際的な研究が展開されています。

かつての日本の里山は、コモンズでした。しかし、明治維新の土地所有制度の変更にともなって、現在はほとんどが私有地になっています。ですから、里山にも、利用者の数だけ所有者がいて、そのことが、里山の再生を非常に困難にしている大きな要因のひとつになっています。さらに、誰の所有であるかがわからなくなったり、所有者の行方がわからなくなったりして放置されたままになっているケースも多く見られます。そのうち、共有財産としての拘束力も薄れていきます。三富新田の平地林が切り売りされた背景には、このような事情がありました。

そこで必要になってくるのは、私有地であっても共有地的な管理ができるような、新たなしくみではないかと思います。その第一段階として、所有権と利用権とを法的に分離することです。

現状では、ボランティアで里山の管理をしている人たちも、そのたびに所有者たちの許可を得てやっているのです。所有者が多数いたり、遠くに住んでいる人に相続されたりしていると、事実確認がたいへんです。しかし、善意とはいえ、勝手にやってしまえば、現行法上では他人の所有財産への侵害になってしまいます。

その一方で、里山の所有者たちでは管理しきれなくなってきていることも事実です。そこで、地域社会に閉じられたコモンズの形態ではなく、もっと開かれた里山にできないかというのが、私の考えです。これが、第一章でも少しふれた、「ニューコモンズ」の考え方です。ニューコモンズは、里山管理の新たなキーワードです。

そうすれば、ニューコモンズには、さまざまなステークホルダーが参入してきます。N

ＰＯや都市の住民だけでなく、パブリックセクター（公的機関）も参加します。もちろん企業を排除する必要もありません。むしろここから、里山の経済的成功を導き出すことができるのであれば、企業の参加は不可欠です。

ただ、経済活動になれば、使用料や利益分配の問題が出てきます。話はどんどんややこしくなっていきますが、その段階をクリアしてこそ、はじめて現代社会における里山の再生が実現するのです。個々の農業じたいは小規模なままであっても、そこから起こる経済的・社会的影響の広がりをわざわざ抑えこまなくてもよいでしょう。

里山の運営に参加する人や組織は、すべてが対等なネットワークの一員となります。かつてのように、国や自治体、各地域の農協などが方針を決定するといったやり方ではなく、各ステークホルダーが話し合って、それぞれの役割を考え、分担していこうという考え方です。ですから、もし失敗してしまったとしても、それは共同責任なのです。

こうした関係について、私は「水平的な関係」と説明しています。関係者がみんな対等であるラウンドテーブル形式でないと、なかなか話がうまくまとまりません。重要になってくるのが、このラウンドテーブルを誰が調整するのかという問題です。つまり、オルガナイザーの必要性です。

優秀なオルガナイザーが出てくれば、かつて地理的な関係によって必然的に形成されていたコモンズが、今度は、強い意志をもって社会的な関係を認め合うコモンズにおきかえられるのです。これが、ニューコモンズ構想です。

特別な生産物が、特別だと思われていない

近ごろ、健康寿命という言葉をよく目にするようになりました。しかし、いまの日本人が健康なまま長生きする社会をめざすとなると、かなりの障害があります。その大きな部分を占めているのが、食生活です。

ＧＩＡＨＳサイトにも認定された阿蘇地域で飼育されている「あか牛」は、草原に放牧されて牧草を食べているので、その肉は赤身で、低カロリーです。ところが、日本で幅をきかせているのは、トウモロコシなどの輸入飼料を食べた黒毛和牛であり、多くの日本人が、その高カロリーの霜降り肉のほうがおいしいという価値観に支配されています。

さらに悲しいのが、より自然な環境で飼育されている褐毛《あかげ》和種より、畜舎のなかで輸入飼料を食べて育った黒毛和種のほうが高く取引されている点でしょう。これでは、手間をかけて赤身の肉を生産した農家が浮かばれません。特別な生産物が、消費者から特別視さ

れていないのです。

霜降り肉ばかりを喧伝《けんでん》してきたメディアにも大きな責任があります。健康寿命をめざすには、霜降り肉を赤身に変えることですが、いったん定まってしまった価値観を転換するのは、本当にたいへんです。

とはいえ、ブランド牛といわれて売られているものは、まだマシです。高い品質管理がなされているからです。しかし、安さがウリの外食で用いられているのは、ほとんどが大量生産された輸入牛肉です。

昨今、とくに若い人たちの厳しい経済的状況が伝えられています。「いい肉を食べろといっても、買えないじゃないか」といわれてしまえば、まったくそのとおりでしょう。しかし、食べものに対する優先順位が低くなっているのも事実で、食べものにお金を使う余裕があったら、洋服や趣味、通信代などに回すという人が多いのではないでしょうか。自分の身体の一部になる食べものに無頓着《むとんちゃく》という点が、いちばんの問題点だと思います。

話を戻しましょう。いってしまえば、健康な食べものに対する評価が低すぎるから、農業が振興しないとも考えられます。特別な生産物が特別であると認識され、特別な対価が支払われる社会のしくみを再構築しなくてはなりません。

地産地消《ちさんちしょう》と道の駅

　東京都港区に「六本木農園」という名前のユニークなレストランがあって、各地の農産物を使った料理を食べられます。ここで食事をしたとき、たまたま同じ東京の多摩《たま》地域で農業をやっている女性が栽培したシイタケが売られていました。値段は高めでしたが、買って食べてみると、とてもおいしかったので、すっかりファンになってしまいました。

　付加価値のある農産物には、それを評価して高値で買ってくれる受け皿がないと成り立ちません。東京の西はずれの里山で生産されたものが、都心で販売され、東京の北はずれから訪ねてきた私が消費したわけですが、これも立派な地産地消の形です。

　このとき表示される地名は、九州産というよりは大分産、大分産というよりも、GIAHSに認定された国東半島のA地域産というように、狭ければ狭いほど、生産物に対する信頼度は増します。東京産というよりも、多摩産のほうが、手にとられるチャンスは大きくなります。その究極の形が、「Bさん家の野菜」のようなものでしょう。

　では、地域産が個人農家の生産物に対して勝ち目がないのかといえば、そういうわけではありません。徹底した品質管理を地域ぐるみで行なって、その姿勢をアピールしていけばよいのです。また、一定の規模の地域のなかでは、産品の多様性をそなえることができます。個人農家が三〇品目を生産することはできませんが、地域ならできます。ふだんはなかなか見かけないような珍しい品種や、その地域の特産品を強く押し出すこともできます。これが新たな付加価値を生み出すチャンスとなります。

阿蘇地域のＧＩＡＨＳ認定に力をつくされた宮本さんも、その動機は、地産地消への熱意でした。地元で生産されているものが、地元の八百屋さんで売っていないということでした。

農作物の付加価値化、つまりブランド化には、問題もあります。あまりにもブランド化が進むと、そのまま関東圏や近畿圏の巨大消費地に流れてしまい、地元では見当たらないということが起こりえるからです。これは、ある意味で市場原理の一端を象徴していて、裏を返せば、非常に高い付加価値がついているということになるでしょう。青森県大間《おおま》産のマグロなどは、ほんの一部が地域の料理店に卸されるのみで、大半は都市の消費地に運ばれます。

しかし、熊本県産の農作物が地元で買えなかったというのは、それとは少し事情が異なるように思います。宮本さんの思いに反して、市場が地元の農作物を評価してこなかったり、流通量が少なかったりしたために、県内の他の地域のものといっしょになって、流通させられていたということが考えられます。運搬用ケースには、熊本県産と明記されていても、どの地域で生産されたものかがわからなくなっていたかもしれません。あるいは、加工品の材料に用いられることもあります。これでは、ほかとは違った生産をしてきた農家の努力が、報われません。

地産地消という運動に必要なことは、ただ地元で売るということではなくて、どれだけ多くの人が、「地元産のものを食べたい」と思うかという一点につきます。ですから、ＧＩＡＨＳ認定が、大きな機会をもたらすのです。

現在、地元の里地里山で生産された農作物を、どうやって地元の販売ルートに乗せていくかを考えるとき、重要な役割を果たしているのが、「道の駅」です。

これは、いずれも都市から見て里地里山の入り口のような立地にあり、地域の農作物が直売されて人気を呼んでいます。地方の住民は、もっぱら自家用車による移動が中心になっていますから、道の駅は、都市と農村の交流など、地域ネットワークの拠点として根づいていています。

道の駅のアイデアは、一九八九年、建設省（いまの国土交通省）官僚だった岩井《いわい》國臣《くにおみ》さんが、広島市にある中国建設局長に赴任したところから始まりました。過疎が進んでいた当地の中山間地域をなんとか活性化しようと、旧知の仲だった地域交流センター代表理事の田中栄治《たなかえいじ》さんに、意見交換の場を求めました。こうして開かれたシンポジウムで、フロアから出たアイデアが、道の駅だったそうです。

一九九一年から山口県などでの試行をへて、一九九三年には建設省の事業として全国で登録が始まりました。私も一度、岩井さんに呼ばれて、田中さんたちとシンポジウムにパネリストとして参加したことがありますが、このとき田中さんが、「中国地方と四国地方の連携を強化せよ」と、ユニークな主張をされたのをいまでも鮮明に覚えています。

道の駅は現在、全国に九〇〇カ所以上あります。ただし、政府主導の施策ということもあって、市民の交流の場としての機能が不十分です。このため、全国でまちづくり活動をしているグループが、民間主体の「まちの駅」を提案し、これは一〇年で一五〇〇カ所ほどが建設されました。さらに、「海の駅」「川の駅」「山の駅」「健康の駅」なども各地に登場しています。

最近の田中さんは、川の駅に力を入れておられるようです。川の駅は、関東の利根川流域や大阪などで試行され、全国に拠点を増やしています。日本全国の河川流域のネットワークづくりの核になるのではないかと期待を寄せているところです。

生産者サイドに求められる情報技術

自分たちの生産物を受け入れてもらうには、まず知ってもらうことが前提となります。全国的なブランド品といわれるものは、品質だけでブランド化できたわけではありません。かつては、新聞やテレビが利用されてきました。いまはインターネットという、ローコストのメディアがあります。また、流通形態も成熟し、多様化しています。

そんな便利な時代、遅れているのは、生産者サイドばかりという事態が起こっています。旧態依然とした方法に頼る生産者は、これからの時代、生き残っていけないでしょう。やがて安売り合戦に巻きこまれて、自分の首を絞めてしまいます。

情報をすべての利用者にいかにして伝えるか、その有効なツールがＩＴ（Information Technology，情報技術）です。

ただし、このＩＴは消費者に近いところでしか整備されていません。消費者の場合、インターネット上の商品販売サイトにアクセスすれば、いろいろな商品を見て、そのなかから選択することができます。価格を比較できるサイトもあります。

しかし、生産者がアクセスして、いちばん高く、あるいはよい条件で買ってくれる販売先を探せるようなしくみはほとんどありません。たとえば、静岡県で最高級のワサビを生産している農家は、都心の高級寿司屋など高値で引きとってくれる販売先を持っています。それは、個々の農家が時間をかけて開拓した得意先だったわけです。ちょっと前まで、消費者も、一軒一軒小売店を回って値段や条件を比較して購入していましたが、生産者は、まだこれをやっているわけです。

いまこそ生産者サイドのＩＴの整備が必要なのです。私はこれを「上流側のＩＴ化」と呼んでいます。

こうした上流サイドのＩＴ化は、ワサビだけとかコメだけとか、一品目だけではダメです。里地里山では、地域のなかでコメや野菜をつくり、魚をとり、炭も焼くというように閉じたシステムで循環してきました。これをそのままＩＴのなかに落としこめないかということなのです。地域の複合産業としての里地里山ビジネスをマネージメントするＩＴです。

コンビニというのは、ＩＴ化を極限まで押し進めた小売りのしくみです。たとえば、会員に登録する際に記入する年齢や性別が、重要な情報になります。それまでは、店員がレジを打ちながら、推定で年齢を入力していましたが、それとは情報の精度がまったく違います。そうした膨大《ぼうだい》なデータをもとに商品の販売戦略を立て、ヒット商品やロングセラー商品を生み出しています。

こうしたコンビニのＩＴがすぐれている点は、全体の平均値ではなく、個々の行動を総合化した個々の情報の集積であるということでしょう。この方法によって、可能性を発見することができます。たとえば、それまでコメを中心に生産してきたのが、柑橘《かんきつ》類主体にシフトしたほうがよさそうだ、お餅に加工して商品化したほうがよさそうだ、といったことがわかるのです。ローソンの新浪剛史《にいなみたけし》さんに、このようなＩＴ化の構想を上流サイドでもやれないかとお聞きしたところ、「できる」と即答してくれました。

新しく公社を設立する

問題は、このＩＴ化をどこがやるかですが、やはり里地里山を管理する組織で行なうのが自然です。私はかねてより、「地域管理公社」設立のアイデアを主張してきました。

これを農協がそのままやったらどうかという意見がありますが、農協は自分たちがあつかう農産物しか対象にしません。農協、漁協、林業協同組合などといった従来の組織が、まとまって管理・運営することはできないでしょう。特定の分野や産品に特化してしまうと、里地里山全体をカバーすることはできません。重要なのは、地域の多様性や可能性を活かし、市場に対して表現することです。ニューコモンズの実現です。

日本学術会議会長の大西隆《おおにしたかし》さんは、「まちづくり公社」という表現をされていました。これを「里地里山づくり公社」といいかえてもよいでしょう。すでにある組織のどこかが音頭をとるのではなく、地域の団体や個人が共同で出資して、イチから立ち上げるのがよいと思います。震災復興なども、本来はそういった公社がやるべき仕事だったのではないでしょうか。

私はいま、佐渡島でこのニューコモンズのアイデアを試行したいと考えています。ひとつの島で閉じられた空間になっているため、全体の連関がわかりやすいからです。

佐渡では、米をブランド化したところまでは成功していますが、「おけさ柿」という地域特産の果物の高級ブランド化には成功していません。寒ブリも佐渡の重要な資源ですが、寒ブリといえば、富山県の氷見《ひみ》港産の知名度には遠くおよびません。同じ漁場の寒ブリでも、佐渡に水揚げされると価格が安くなってしまいます。

そういう課題をひとつひとつクリアして、佐渡の農林水産業と観光とをトータルにブランド化して活性化することが、GIAHS申請以来ずっとこの地域をサポートしてきた私のめざす終着点になります。コメ、柿、寒ブリを売る前に、「佐渡」という場所を売っていくということです。

日本発のSATOYAMAイニシアティブ

里山は、世界各地においても、ローマ字表記のＳＡＴＯＹＡＭＡとして認知が進んでいます。じつは、世界的に見て、「地域を売っていく」という発想は、あまり一般的なものではありませんでした。

たしかに、ワインやチーズなどは、産出地域別によって細やかに取引されています。しかし、これはあくまでも単品です。コーヒーや紅茶、香辛料なども、開発途上国を中心に地域別で単品が取引されていますが、これは、植民地時代のプランテーション農業の名残《なごり》です。いずれも単品であり、歴史的な流れのなかで、変わらず生産されつづけてきたものがほとんどです。

ですから、日本の里地里山のように、地域の人たちが自発的に産品をつぎつぎと開発し、結果として多品目を生産するという方法は、たいへん特筆すべきシステムなのです。

この伝統的なＳＡＴＯＹＡＭＡのよいところを、世界に向けて積極的に発信していけないかという考え方が出てきて当然でしょう。その前に、もっと日本の国民に認識してもらい、親しんでもらえないだろうか、そして、このことが里地里山の再生へと結びつけられないだろうか、という考え方も起こってきました。

おもしろいのは、このように発想したのが、農林水産省ではなく、環境省だったということです。その結果、誕生したのが、「ＳＡＴＯＹＡＭＡイニシアティブ」でした。

環境省の前身は、一九七一年に設立された環境庁です。大気や水質の汚染、騒音など、公害に対処する組織としてスタートしました。そういった問題が一段落する一九七〇年代後半からは、豊かな環境づくりが新たな目標に設定されます。その後、一九九〇年代になって表面化したのが、地球温暖化やオゾン層の破壊、生態系の危機といった地球環境問題でした。

一九九二年に、きわめて重要な国連主催の会議が、ブラジルのリオデジャネイロで開かれます。「環境と開発に関する国連会議」（通称「地球サミット」）です。ここで、気候変動と生物多様性、それから、砂漠化に対処するための三つの条約がかわされました。

これを環境省に当てはめると、地球環境については、地球環境部（いまの地球環境局）が担当し、生物多様性については、自然保護局（いまの自然環境局）が担当しました。ところが、当時の自然保護局のおもな仕事は、国内向けの事案でした。つまり、国立公園をどう整備・拡張するか、希少種をどう守るか、鳥獣保護をどう進めるか、といったことなどです。

変化が起きてきたのは、二〇〇六年からです。その年の十一月には、国連大学高等研究所が事務局となって、日本の里山・里海評価（ＪＳＳＡ）が行なわれます。これは、新たな生態系評価の枠組を用いて、戦後五〇年間で、日本の里地などがどのような変化をとげたか、人間の福利や生物多様性にどのような影響を与えたかを学術的に評価したものです。その成果は、『Satoyama-Satoumi Ecosystems and Human Well-Being』（『里山・里海の生態系と人間の福利』）として英語の報告書にまとめられましたが、参加した研究者だけでも二〇〇人以上にのぼる大きな学際研究でした。

残念ながら、そこで得られた現状に対する評価はネガティブなものでした。私たちはこの結果をベースに、政策立案者に対する提言を行ないます。

ついに二〇〇七年六月、第一次安倍晋三《あべしんぞう》内閣が「二十一世紀環境立国戦略」を閣議決定しました。市民や農家の運動や私たち研究者の報告や提言も重要ですが、やはり最後のところで、政策として決定されないことには、大きな前進は見込めません。

この戦略の趣旨は、二〇五〇年までに、①二酸化炭素を大幅削減する「低炭素社会」、

②自然資源を循環利用する「循環型社会」、③生物多様性と生態系を保全する「自然共生社会」という、三つの目ざすべき社会モデルをかかげ、これらの統合を通じて「持続可能な社会」を実現しようとするものです。

じつは、それに先立つ特別部会が設けられており、私も参加していました。ここで私が目論《もくろ》んでいたのは、低炭素社会、循環型社会、自然共生社会を統合した持続可能な社会をめざすという一節を戦略の柱に盛りこむことでした。自然共生社会という言葉は、このとき生まれましたが、その後になって広く用いられるようになりました。

その流れのなかで、「せっかくだから、日本らしいアイデアで世界に発信できるようなしかけができないか」という議論になり、この本で書いたような里地里山の重要性をお話しさせていただいたのです。そのときのやりとりがもとになって、環境省がSATOYAMAイニシアティブの提案にまとめ、次のような内容で二十一世紀環境立国戦略にふくまれたのでした。

世界に向けた自然共生社会づくり——SATOYAMAイニシアティブ——の提案

わが国の自然観や社会・行政のシステムなど自然共生の智慧と伝統を活かしつつ、現代の智慧や技術を統合した自然共生社会づくりを、里地里山を例に世界に発信する。

さらに、社会経済活動において生産性を重視するあまり、生物多様性の喪失が進んでいる地域も世界には見られることから、世界各地にも存在する自然共生の智慧と伝統を現代社会において再興し、さらに発展させて活用することを「ＳＡＴＯＹＡＭＡイニシアティブ」と名付けて世界に提案し、世界各地の自然条件と社会条件に適した自然共生社会を実現する。


二〇一〇年一〇月には、「生物多様性条約の第十回締結国会議」（ＣＯＰ１０《コップテン》）が日本で行なわれることになりました。開催地である名古屋には、一七九の締約国、関連国際機関、ＮＧＯなど、一万三〇〇〇人以上が集まってきました。

会議に先行する形で、二〇〇八〜〇九年にかけて、環境省と国連大学高等研究所が協力し、世界各地のさまざまな農業システムの現地調査を行なっています。

例として、アフリカのマラウイ湖の漁撈《ぎょろう》と農耕（陸域と水域をつなぐ信仰にもとづいたもの）、ペルーのクスコ県の「ポテトパーク」（先住民による共有地農業）、アルゼンチンのミシオネス州の「チャクラ」（農地と二次林などによるモザイク状の土地利用形態）、インドのケララ州の

「ホームガーデン」(住居の近くに造成された複層林)、ドイツのバイエルン州の田園景観(付加価値のある加工品とグリーンツーリズム、バイオマスの活用)、アメリカのルイジアナ州の「働く湿地」(ザリガニの生息する減農薬栽培)などがあります。これらは、すべて自然との共生の実践です。日本の里地里山の再生にとっても、参考になるアイデアばかりです。

こうしてCOP10では、日本発の自然共生社会というアイデアが世界レベルで認識されました。また、「SATOYAMA」という言葉を世界に発信していくための土台ができたのです。これまで国内に向いていた環境省自然環境局の視点は、海外へも向けられることになります。国際社会に貢献できるチャンスが到来したのでした。

里山からSATOYAMAへ

SATOYAMAの英語表記が決まるまでには、いくらかの紆余曲折《うよきよくせつ》がありました。ことの始まりは、『里山の環境学』の英訳出版が決まったことでした。二〇〇二年当時、カナダのグェルフ大学でランドスケープ・アーキテクチャー(造園学)を教えておられたロバート・ブラウンさんが、サバティカル制度を利用して、東京大学にある私の研究室に滞在していました。サバティカルというのは、大学に一定期間勤務すると、半年から一年ほど休みをもらい自由研究にあてることができる制度です。

ロバートさんは、造園学の研究者なので、さっそく東京郊外の里地里山に案内しました。彼は、おおいに感銘を受け、触発されたようでした。せっかく日本にいるというので、『里山の環境学』の英訳を手伝ってもらうことになりました。

そこで問題になったのが、日本の「里山」をどう英訳するかだったのです。これはなかなかの難題でした。

英語版『SATOYAMA』の表紙

たまたまＮＨＫのディレクターと話す機会があって、彼がいうには、「イギリスの有名なドキュメンタリー作家、サー・アッテンボローによる、滋賀県の里地里山を撮影したドキュメンタリー番組がＢＢＣで放送され、番組内ではＳＡＴＯＹＡＭＡとして紹介されていて、反響もよかった」ということでした。その話に私も勇気づけられ、日本の里山を世界語にするぐらいの気持ちでやってやろうと思ったのです。

里山をＳＡＴＯＹＡＭＡとすることに異論はなくなりました。あとは、里地をどのように表現すればよいのかという問題です。ロバートさんとも話して、「里山という言葉をSATOYAMAとしながら、里地をまた別の英語で表現したら、読者は混乱してしまうだろう」と結論に達しました。メインタイトルはわかりやすく、『SATOYAMA』としました。ただし、これに『The Traditional Rural Landscape of Japan』(日本の伝統的な地域の景観)というサブタイトルをつけ、あわせて里地里山のイメージが伝わるようにしたのです。日本の里山を英語表記したのは、出版物のタイトルではこれが最初だと思います。

里山と里地の具体的な表記については、狭い意味で用いられる里山をSatoyamaとし、広い意味の里山、つまり里地里山をSatoyama Landscapeとし、使い分けることにしました。

このようにして、いまやSATOYAMAという言葉は、インターネットの検索でも多くヒットするようになったのです。

余談ですが、COP10でSATOYAMAイニシアティブをお披露目《ひろめ》する少し前に、鳩山由紀夫《はとやまゆきお》内閣が、HATOYAMAイニシアティブを提案していました。日本人が見ると、まったく別物とわかりますが、英語で表記すると、一字しか違わないのです。これには困りました。いっそHATOYAMAイニシアティブに統一してしまってはどうかというジョークも出たくらいです。杞憂《きゆう》に終わって、ホッとしています。

SATOYAMAを世界に発信する

助走段階のＳＡＴＯＹＡＭＡイニシアティブのなかには、「日本には、里山という、すばらしいシステムがありますので、世界でもどうぞこれを実践してください。日本は応援いたします」といった、上から目線のニュアンスが、多少なりともふくまれていたように思います。各国、各地域には、それぞれ独自に育まれてきたシステムがあります。そこには、守る人たちのプライドがあります。これでは相手の感情を害すると思い、私はつぎのように補足説明しました。

日本には古来、人間と自然とが共生する里山というシステムがありました。ところが、日本も例にもれず、都市化やグローバル化の流れにさらされ、その本来のすばらしさを忘れていました。その結果、里山は危機におちいっています。私たちは、ようやくこの事態を何とかしなくてはと思い、腰を上げたのです。世界には、やはり人間と自然との共生システムが個々にあるのを見てきました。そこで、そういった地域に住む人たちと情報を交換し、おたがいに悩みを共有しながら、ともに伝統的なシステムを再生する方法を考えましょう。ＳＡＴＯＹＡＭＡはそのシンボルです。

当初は、「Satoyama-like landscape」（里山のような景観）という、日本の里地里山にどれだけ近いかが判断基準となるような表現をしていたのですが、これはやめ、共通の考え方として「社会生態学的な生産のランドスケープ」（Socio-ecological production landscape）としました。ランドスケープというのは、簡単にいえば人間と自然のかかわりの産物である景観のことで、景観を構成している資源や環境、歴史、文化といった、さまざまな要素がつくり出す空間のことです。社会生態学は、自然科学と人文科学とをつなぐ領野で、最近よく用いられる言葉です。この定義で、世界の関係者・研究者は賛同してくれました。

そして、ＣＯＰ１０の会場では、あちらこちらから、出席者たちが「サトヤマ、サトヤマ」と口にするのが聞こえてきたのです。日本の里山がＳＡＴＯＹＡＭＡとして世界の舞台に躍り出た瞬間でした。

それでも、ニュージーランドなど農産物輸出国からは、「この試みは、自由貿易の推進を目的としたＷＴＯ（世界貿易機関）の精神に反している」といった批判が出されました。

小規模農業を見直すという理念は、大規模農業の存在を排除するもの、というわけです。
結果として、ＳＡＴＯＹＡＭＡイニシアティブは、ＣＯＰ１０の段階では「有用な取り組み」という表現から一歩後退して、「有用な可能性のある取り組み」と記載されます。
二〇一二年にインドのハイデラバードで開かれたＣＯＰ１１において、やっと現在の表現に落ち着きましたが、国際社会で新しいものごとを通すことの難しさを改めて思い知らされたのでした。

私たちが主張したいのは、多様性の尊重です。それは、人間と自然の共生のしかたの多様性でありますし、大小さまざまな経済的規模の多様性でもあります。すべての農業が、いまの時代に合った形で、経済的な機会を与えられるべきだという考え方です。けっして全世界が原始農業社会に回帰すればよいといっているわけではありません。多数民族と少数民族の共生の例を考えれば、わかることです。

ＣＯＰ１０では、「ＳＡＴＯＹＡＭＡイニシアティブ国際パートナーシップ」（ＩＰＳＩ）という組織が創立されました。ＣＯＰ１０のサイドイベントとして開催されたこの創設式典には、三〇〇名を超える参加者が集まりました。

この式典に先だって、「コウノトリ呼び戻す農法米」で握ったおにぎりと、竹筒に入れたおかずを竹の皮に包んだ「里山弁当」が提供されました。この弁当は大人気であっという間《ま》になくなり、その美味しさはいまでも語り草になっています。おにぎりに用いられたコメは、コウノトリが生息する環境づくりを目標に、福井県越前《えちぜん》市白山《しらやま》・坂口《さかぐち》地区の「コウノトリ呼び戻す農法部会」が中心となってブランド化したものでした。彼らが、この日のために無償での提供を申し出てくれたのです。

ＩＰＳＩには、二〇一三年九月時点で、一六の政府機関（日本、韓国、タイ、カンボジア、ネパール、東チモール、イタリア、ペルー、チャド、ガーナ、ニジェール、ガボン、トーゴ、カメルーン、ガンビア、マラウイ）、六の政府関連機関、一二の地方自治体、五二のＮＧＯ、九の先住民団体、二八の学術研究機関、一七の企業、一四の国際機関など、設立時の三倍を超える一五五組織が参加しています。最初の取り組みは、これまでバラバラだった各地の共通の目標やプロジェクトを作成することでした。

ＳＡＴＯＹＡＭＡイニシアティブの会合には、その後も世界各地から参加者がやってきますが、このあいだは、アメリカのハワイ州政府の人たちが参加して、イニシアティブへの協力を申し出てきました。ハワイにも、「アフプア・ア」という伝統的な土地利用システムがあります。

アフプア・アは山頂から海までの扇形の土地のことです。「アフ」は石の祭壇、「プア・ア」は豚を意味する現地の言葉で、豚の頭の木像をのせた石の祭壇が境界を示す目印となったことから、この名前がつけられています。アフプア・アには森林や農地、沿岸までがふくまれ、生物多様性が維持されていると同時に、自給自足が成立する土地であり、日本の佐渡や能登と共通点があります。まさに、里山里地・里海が一体となった空間といってよいでしょう。

GIAHSとSATOYAMA

ここでGIAHSの意義をもう一度、振りかえってみましょう。SATOYAMAイニシアティブと驚くほど共通点があります。おそらく、SATOYAMAイニシアティブの調査対象地と、GIAHSサイトは、どんどん重なっていくに違いありません。

私は、SATOYAMAイニシアティブの国際会議をFAOで開こうと思い、そう申し入れたところ、FAOの事務局は、GIAHSに関する会議でないと受けつけられないと回答してきました。話し合いは平行線をたどり、結局、SATOYAMAイニシアティブの国際会議は、パリのユネスコで主催することになったという経緯があったのです。

ユネスコの世界遺産は、その文化遺産を文部科学省が、自然遺産を環境省がそれぞれ担当しています。里地里山の政策をおもに担《にな》ってきたのは、環境省でした。また、これまで農用林や薪炭林などの二次林についてはあまり興味がないように見えた農林水産省も、近年は農業振興の一環として里地里山に関心を持ちはじめています。彼らが担当する中山間地域振興のための政策を、里地里山にも応用できる可能性が出てきました。

いわゆる省庁間の縦割り行政の問題についても、環境省サイドの環境政策は、手つかずの自然を守るところから始まりましたが、人の手の入った自然を尊重する方向へ確実にシフトしてきています。一方の農林水産省サイドも、従来の一次産業保護から六次産業化という方向へと変わってきているのですから、双方は省益を超えて協同で政策を行なうことができるはずです。現実的な目的が一致しているのですから。

というわけで、私たちは現在のところ、二つの活動を使い分けています。ひとつは、GIAHSとFAOと農林水産省の系列、もうひとつは、SATOYAMAイニシアティブと生物多様性条約事務局と環境省の系列です。

その活動理念の違いをしいてあげるなら、GIAHSは、具体的な特徴が残って活用されている点にポイントをおいていますが、SATOYAMAイニシアティブは、きわだった特徴がなくとも、持続可能性があるかどうかの点で評価されます。そういった意味で、取り組みとしては、ＳＡＴＯＹＡＭＡイニシアティブがより広い領域をもっているのではないかと思います。

二〇一三年九月には、ＳＡＴＯＹＡＭＡイニシアティブの国際会議が福井市で開かれました。この周辺の里地里山や里海で見られるものは、私たち日本人からすれば、ごく当たり前の営みであり、景観です。それがＧＩＡＨＳに認定される可能性は低いのかもしれませんが、農業における人間と自然との共生環境をテーマとして考えるとき、話はひとつにつながります。

この会議の前日には、福井の里地里山を視察しました。名古屋での会議のあとに予定していた静岡の茶草場の視察が、東日本大震災の発生で中止になったことは、すでにお話ししました。海外からの参加者の多くは、はじめて見る日本の里地里山での人々の営みに興味津々でした。

とりわけ、越前市白山地区での「コウノトリ呼び戻す農法」の取り組みには関心が高かったようで、それを実践しておられる農家の方に質問が相次ぎました。参加者のなかには、ＣＯＰ１０で提供された「里山弁当」のコウノトリ米を懐かしく思い出す人もたくさんいました。

また、白山小学校の児童による取り組みを紹介する「コウノトリが舞う里づくり　白山の自然」と題する寸劇と、英語による歌の披露は、参加者の心を打ち、とくに海外の参加者のあいだで絶賛の声があがりました。次世代を担う子供たちから、里地里山を思う気持ちと、それを未来につなげようとする意気込みがひしひしと伝わってきたからです。

ＧＩＡＨＳも、ＳＡＴＯＹＡＭＡイニシアティブも、ともに未来志向で、結局は同じ目標に向かって進んでいるのです。双方が、どういった関係を結ぶようになるのかは、今後の展開しだいでしょう。

ただひとつ断言できるのは、日本の農業が、世界の農業の進むべき方向性のカギを握っているということです。それは日本が、欧米の工業先進国が主導してきた農業と、開発途上国で守られてきた農業とが、ともにある希少な場所であるからです。読者のみなさんには、そのことを十分に理解していただけたらと思います。

切りとり線

★読者のみなさまにお願い

この本をお読みになって、どんな感想をお持ちでしょうか。祥伝社のホームページから書評をお送りいただけたら、ありがたく存じます。今後の企画の参考にさせていただきます。また、次ページの原稿用紙を切り取り、左記まで郵送していただいても結構です。

お寄せいただいた書評は、ご了解のうえ新聞・雑誌などを通じて紹介させていただくこともあります。採用の場合は、特製図書カードを差しあげます。

なお、ご記入いただいたお名前、ご住所、ご連絡先等は、書評紹介の事前了解、謝礼のお届け以外の目的で利用することはありません。また、それらの情報を6カ月を越えて保管することもありません。

〒101-8701（お手紙は郵便番号だけで届きます）
祥伝社新書編集部
電話03（3265）2310
祥伝社ホームページ　http://www.shodensha.co.jp/bookreview/

★本書の購買動機（新聞名か雑誌名、あるいは○をつけてください）

＿＿＿＿新聞の広告を見て	＿＿＿＿誌の広告を見て	＿＿＿＿新聞の書評を見て	＿＿＿＿誌の書評を見て	書店で見かけて	知人のすすめで

★100字書評……世界農業遺産

名前
住所
年齢
職業

武内和彦　たけうち・かずひこ

1951年、和歌山県生まれ。国際連合大学（UNU）上級副学長。国際連合事務次長補。東京大学国際高等研究所サステイナビリティ学連携研究機構（IR3S）機構長・教授。国内外に向けて、持続可能な自然共生社会実現に向けたビジョンを提言している。著書に、『地球持続学のすすめ』『ランドスケープエコロジー』など、共編書に、『里山の環境学』『サステイナビリティ学（全5巻）』などがある。

世界農業遺産《せかいのうぎょういさん》
注目《ちゅうもく》される日本《にほん》の里地《さとち》里山《さとやま》

武内和彦《たけうちかずひこ》

2013年11月10日　初版第１刷発行

発行者……………竹内和芳
発行所……………祥伝社《しょうでんしゃ》
〒101-8701　東京都千代田区神田神保町3-3
電話　03(3265)2081(販売部)
電話　03(3265)2310(編集部)
電話　03(3265)3622(業務部)
ホームページ　http://www.shodensha.co.jp/

装丁者……………盛川和洋
印刷所……………萩原印刷
製本所……………ナショナル製本

Printed in Japan　ISBN978-4-396-11347-6　C0261